100 preguntas de física

¿Por qué vuelan los aviones de papel, y por qué vuelan los de verdad?

• Colección Cien x 100 – 7 •

100 preguntas de física

¿Por qué vuelan los aviones de papel, y por qué vuelan los de verdad?

Jordi Mazón Bueso

ediciones
Lectio

Primera edición: marzo de 2013

© Jordi Mazón Bueso

© de la edición:
9 Grupo Editorial
Lectio Ediciones
C/ Muntaner, 200, ático 8ª – 08036 Barcelona
Tel. 977 60 25 91 – 93 363 08 23
lectio@lectio.es
www.lectio.es

Diseño y composición: Imatge-9, SL

Impresión: Romanyà-Valls, SA

ISBN: 978-84-15088-68-4

DL T 14-2013

ÍNDICE

Prólogo 9

1. ¿Qué es un metro? 11
2. ¿Qué es un segundo? 14
3. ¿Qué es el kilogramo? 15
4. El espacio y el tiempo. ¿Qué es el espacio-tiempo? 16
5. ¿Es verdad que sólo hay cuatro fuerzas en el Universo? 18
6. Sólidos, líquidos, gases, y... ¡plasma! 20
7. ¿Qué es la luz? 21
8. ¿Una estrella emite luz propia mientras que un planeta sólo la refleja? 24
9. ¿Qué diferencia existe entre la temperatura y el calor? 26
10. ¿Cuál es la temperatura más baja que puede alcanzar un cuerpo? 28
11. ¿Hace frío en el espacio intergaláctico? 30
12. ¿Cómo se transmite el calor? 31
13. ¿Por qué sentimos frío al tocar una barra de hierro y no si es de madera, si están a la misma temperatura? 33
14. ¿Por qué sentimos calorcillo si el aire se encuentra a 25 ºC, y en cambio sentimos frío cuando nos bañamos en agua a 25 ºC? 35
15. ¿Hay que cerrar la nevera para que no se escape el aire frío? 36
16. ¿Por qué un metal se pone de color rojo cuando se calienta, y no verde? 38
17. ¿Por qué las gotas de agua, los planetas y las estrellas son esféricos? ¿Por qué si sentimos frío la postura fetal es la mejor? 40
18. ¿Qué es sonido? ¿Oímos todos los sonidos los humanos? 42
19. ¿Por qué la luz se transmite por el vacío, y el sonido no? 44
20. ¿Cuándo se propaga mejor el sonido, en verano o en invierno? 45
21. ¿Por qué podemos distinguir una misma nota musical de diferentes instrumentos musicales? ¿Por qué no oímos dos voces iguales? 47
22. ¿Se puede romper una copa de cristal con la voz? 49
23. ¿Por qué cuando un coche o una moto se acerca, pasa por delante de nosotros y después se aleja oímos un "¡Brrrrummmm!" primero agudo y después grave? 51
24. La Guardia Civil y el Big Bang 53
25. ¿Por qué los cuerpos son opacos, translúcidos o transparentes? 55
26. ¿Podría existir el hombre invisible? 57

27. ¿Por qué hay vida en la Tierra?... 59
28. ¿Podría existir vida inteligente fuera de la Tierra?... 61
29. ¿Qué son los planetas extrasolares?... 63
30. ¿Existen realmente los ovnis?... 65
31. ¿Se pueden hacer viajes intergalácticos?... 68
32. ¿Existe realmente la antimateria?... 70
33. ¿Por qué hay más materia que antimateria?... 72
34. Si la masa se puede convertir en energía, ¿la energía se puede transformar en masa?... 74
35. ¿Se puede viajar a la velocidad de la luz? ¿Y más deprisa?... 76
36. ¿Qué son los llamados *agujeros de gusano*?... 78
37. ¿Qué son los agujeros negros?... 80
38. ¿Se puede viajar en el tiempo?... 82
39. ¿Es muy grande el átomo? ¿Cuántas moléculas de agua caben en un litro?... 84
40. ¿Existe alguna partícula más pequeña que el electrón? ¿Qué hay dentro del núcleo atómico?... 86
41. ¿Qué es un acelerador de partículas?... 88
42. ¿Qué es y para qué sirve un sincrotrón?... 90
43. ¿Son realmente peligrosos los experimentos que se están realizando en el LHC, como dicen algunos?... 92
44. ¿Qué hay más allá del Universo?... 94
45. ¿Qué es la nanociencia, o nanotecnología?... 96
46. ¿Qué aplicaciones futuras se esperan de la nanociencia?... 98
47. ¿Qué son los nanotubos de carbono?... 100
48. ¿Por qué vemos las estrellas en forma de estrella, si sabemos que son esféricas, como el Sol?... 101
49. ¿Por qué la sombra del Sol no es nítida?... 103
50. ¿Quieres que te explique el secreto de las estrellas…?... 104
51. ¿Influyen las estrellas y la posición de los planetas en el carácter de las personas?... 105
52. ¿Por qué despega un avión?... 107
53. ¿Cuándo despega mejor un avión, en verano o invierno?... 108
54. ¿Por qué vuelan los aviones de papel?... 110
55. ¿Por qué se nos acerca a las piernas la cortina de la ducha cuando abrimos el grifo?... 112
56. ¿Por qué un monoplaza de Fórmula 1 puede correr tanto y tomar las curvas a tanta velocidad?... 113
57. ¿Por qué el túrmix se adhiere al fondo cuando hacemos puré o mahonesa?... 114
58. ¿Por qué ondea una bandera?... 115
59. ¿En qué momento de la liga de futbol se marcan mejor los goles en rosca? ¿Por qué y cómo se producen estos chutes?... 116
60. ¿Por qué no podemos caminar sobre el agua?... 118
61. ¿Pueden los fantasmas atravesar las paredes?... 120
62. ¿Qué es la masa?... 121

63. ¿Qué llega antes al suelo, una pelota de 1 kg o una de 100 kg? 123
64. ¿Crecen siempre igual los pelos de la barba? 125
65. ¿Me pone 19,6 *newtons* de manzanas, por favor? 127
66. ¿MMA en lugar de PMA? 129
67. ¿Qué masa tiene un cuerpo en la Luna si en la Tierra tiene
    una masa de 10 kg? 130
68. Si el autobús acelera hacia adelante, ¿por qué nuestra cabeza
    se va hacia atrás? 132
69. Ataos bien el cinturón de seguridad cuando subáis al coche. 134
70. Si el coche gira a la izquierda, ¿por qué tendimos a irnos hacia
    la derecha? (¡La fuerza centrífuga no existe!) 136
71. ¿Por qué los ciclistas noveles circulan haciendo "eses"? 138
72. ¿Por qué es tan fácil aguantar el equilibrio de una escoba puesta
    verticalmente sobre un dedo? 139
73. ¿Por qué no se caen los funámbulos? ¿Por qué llevan consigo una barra
    larga, o bien estiran los brazos en cruz para aguantar el equilibrio? 140
74. ¿Qué es la cantidad de movimiento de un cuerpo? 142
75. ¿Por qué despegan los cohetes, si no tienen alas? 144
76. ¿Cómo se impulsa un avión? 145
77. ¿Tiene sentido manipular el tubo de escape de una moto, para que
    así corra más? 146
78. ¿Qué es la energía? ¿Es cierto que ni se crea ni se destruye,
    que sólo se transforma? 147
79. ¿Por qué dicen que los gatos tienen siete vidas? 149
80. ¿Por qué vemos una cuchara torcida cuando la sumergimos
    parcialmente en un vaso de agua? 151
81. ¿Por qué a veces vemos aparecer y desaparecer de golpe los peces
    dentro de un estanque, y no progresivamente? 152
82. ¿Por qué no se hunden los zapateros cuando se posan sobre el agua? ... 154
83. ¿Por qué los árboles no necesitan corazón para llevar los nutrientes
    del subsuelo hasta sus hojas? 156
84. ¿Es cierto que la rotación terrestre es la causa de que en el hemisferio
    norte el agua desagüe en sentido antihorario y en el hemisferio sur
    en sentido horario? 157
85. Pero entonces, ¿la fuerza de Coriolis afecta o no al movimiento de
    los objetos? 159
86. ¿El desorden siempre aumenta…? 161
87. ¿Por qué las cosas pasan como pasan, y no al revés? 163
88. El efecto túnel: los fantasmas atómicos sí podrían atravesar las paredes ... 165
89. ¿Qué es la corriente eléctrica? ¿En qué se diferencia la corriente alterna
    de la continua? 167
90. ¿Cuántos electrones circulan por un cable? ¿A qué velocidad avanzan? ... 169
91. ¿Por qué si los electrodomésticos funcionan con corriente continua,
    la de la red es alterna? 170

92. ¿Por qué un imán genera un campo magnético? ¿Por qué atrae al hierro y no a la madera? 173
93. ¿Existe el monopolo magnético? 174
94. ¿Qué es la superconductividad? 175
95. ¿Qué es la levitación magnética? ¿Podemos levitar los humanos? 177
96. ¿El Barça, *més que un club?* 178
97. ¿Cómo podemos saber si una bombilla contiene mercurio? (un ejemplo de la importancia del conocimiento y el pensamiento científico ante posiciones dogmáticas) 180
98. ¿Tienen base científica las populares leyes de Murphy? 183
99. ¿Vale la pena correr bajo la lluvia para mojarnos menos? 185
100. ¿Cómo podemos medir la altura de un edificio utilizando un barómetro? 187

PRÓLOGO

A diferencia de los niños y las niñas, y una buena parte de nuestros estudiantes de secundaria y universidades, los adultos no acostumbramos a dedicar parte de nuestro tiempo a preguntarnos por qué la naturaleza es como es, por qué nuestro Universo es así, qué hay más allá de éste, por qué las cosas suceden como suceden, o cuál es la parte mínima de la materia. Cuestionarse el porqué de las cosas que suceden a nuestro alrededor, de las más sencillas y comunes a las más rebuscadas y complejas, es un hecho propio de la especie humana, el cual hay que fomentar. No existen preguntas estúpidas, quizás estén mal formuladas o sean tediosas, pero todas ellas responden al mismo objetivo de comprender el mundo que nos rodea y deben por tanto ser respetadas y consideradas.

Buena parte de las preguntas que se presentan en este libro son un recopilatorio de algunas de las cuestiones que los alumnos y las alumnas de la ESO, bachillerato y las ingenierías en telecomunicación y aeronáutica me han planteado en algún momento en mis clases durante los últimos 7 años, y responden a esta esencia humana que es la curiosidad por comprender el mundo. A todos ellos y ellas, muchas gracias por preguntar.

La respuesta rigurosa a cualquier pregunta acostumbra a ser el resultado de una investigación que ha seguido el método científico. Ésta es la única manera que tenemos los humanos de adquirir conocimiento cierto, de entender el mundo que nos rodea y de luchar contra supersticiones y dogmas de fe, autoritarismos y formas de pensamiento único. En este sentido el libro recoge algunas preguntas que tienen la intención de desmentir *falsas verdades*, como la existencia irrefutable de los ovnis, la influencia de la fuerza de Coriolis como responsable del giro contrario a las agujas del reloj en el desguace del agua de una pila en el hemisferio norte, o el descubrimiento de mercurio en las bombillas de la iluminación de un parque a pesar de la negación absoluta de los responsables políticos locales.

Muchas otras podrían haber sido las preguntas aquí expuestas. La física es muy amplia y, como decía el eslogan del año de la física en 2005, "la física es la base de todo". Las que se muestran en esta obra son un ejemplo de aquello que la física estudia y a lo que intenta dar respuesta.

En un país y un momento de la historia en que el conocimiento de las ciencias está bajo mínimos, con un *analfabetismo científico* galopante cuando precisamente la ciencia y la tecnología son la base de nuestra sociedad, resulta clave fomentar la ciencia y el pensamiento científico. Estas *100 preguntas de física* pretenden contribuir a ello.

JORDI MAZÓN BUESO
Julio del 2012

01 / 100

¿QUÉ ES UN METRO?

La definición de metro es posiblemente una de las primeras manifestaciones de la globalización. Antes de la definición y universalización de una unidad de medida de longitudes, cada mercado en distintas poblaciones, regiones, países podía tener su propia unidad de medida, y por tanto el comercio entre diferentes mercados era un tanto complejo, incitaba a errores, malentendidos, peleas, incluso la muerte en algunos casos... Y, ¿quién sabe?, quizás hasta el inicio de alguna guerra. En algunas plazas públicas aún se conserva actualmente la referencia de la unidad de medida de longitud que se utilizaba en el mercado, que podía coincidir o no con la de los mercados de otros municipios. Es el caso, por ejemplo, de la vara que aún se conserva en la plaza Mayor del municipio de Calaceite, en Teruel. Con la llegada de la Ilustración, los humanistas de la época quisieron definir una unidad de longitud que fuera válida para todos, objetiva, y romper así con el conjunto de distintas medidas que existían repartidas por todas partes. Se hacía necesaria una unidad universal, a la que llamaron *metro*, que fuera para todos igual. La Academia Nacional de Francia impulsó la iniciativa en el año 1790, con un ambicioso proyecto para medir de la forma más exacta posible la distancia entre el Polo y el Ecuador, con el objetivo de proponer una definición lo más universal y exacta posible, para acabar así con el caos de la multiplicidad de sistemas de medida de longitud. En 1791 la Academia de Ciencias de Francia definió la unidad básica de medida, el metro, como la millonésima parte de la distancia que separa el Polo Norte del Ecuador terrestre. El proyecto se desarrolló con una comisión formada por grandes científicos de la época, como Borda, Condorcet, Lagrange, Lavoisier, Tillet, Laplace, Monge... El día 26 de marzo de 1791 se aprobó definitivamente la definición de metro como la diezmillonésima parte de un cuarto del meridiano terrestre, y a partir de ese día se inició una expedición que debería medir la distancia del meridiano terrestre. Según la definición propuesta por la Academia, era necesario conocer de la forma más exacta posible la distancia de un cuarto de meridiano terrestre, concretamente la distancia del meridiano que une Dunkerque con Barcelona. Poco antes, con el objetivo de determinar la forma del globo terrestre, ya se había procedido a la medida de otras distancias meridianas, en Laponia y Perú, pero, temiendo que la deformación de la Tierra (achatada por los polos) introdujera errores en la medida, la Academia decidió realizar la medida alrededor de los 45° de latitud. Y una manera fácil fue prolongar el meridiano de París entre Dunkerque (51°) y Barcelona (42°), del que ya se conocían resultados preliminares y existían posiciones de muchas referencias geodésicas que permitían hacer los cálculos de triangulaciones necesarias. Así pues, Pierre-Francois André Méchain (1744-1804) y Jean-Baptiste Joseph Delambre (1749-1822) recibieron el encargo de efectuar las medidas geodésicas necesarias. En su tarea, estos científicos recibieron el apoyo de científicos catalanes en sus medidas en Cataluña, entre los cuales cabe destacar a Francesc Salvà i Campillo, ilustre miembro de la Academia de Ciencias y Arte de Barcelona. En su estancia en Barcelona, el 25 de febrero de 1793, Méchain visitó la masía que Salvà i Campillo poseía cerca de Montserrat para observar un eclipse de Luna. Al día siguiente, inspeccionando la nueva bomba hidráulica instalada para el riego de las tierras de Salvà, Méchain sufrió un accidente que lo dejó gravemente herido, inconsciente durante unos días, y con el brazo derecho con movimientos limitados de por vida. Este hecho retrasó 5 meses su tarea de medida del meridiano entre Dunkerque y Barcelona. Mientras se recuperaba del accidente, Méchain se instaló en una fonda de Barcelona. Desde la azotea realizó algunas medidas geodésicas, en el verano de 1793, que contribuyeron a afinar en la definición de *metro*. Actualmente en la ciudad de Barcelona se recuerda la gesta de la medida del arco del meridiano entre Barcelona y Dunkerque en un monumento en el centro de la plaza de las Glòries Catalanes, en la intersección de la Gran Via de les Corts Catalanes, la avenida Diagonal y la avenida de la Meridiana, precisamente llamada así por el meridiano que pasa sobre ésta.

La vara de platino la longitud de la cual responde a la definición de *metro* aún se conserva en el Museo de Medidas y Pesos de París. Durante un par de siglos sirvió como referencia universal de lo que era un metro.

Actualmente, la definición de *metro* es aún más universal y también un tanto más sofisticada: un metro es la longitud de recorrido en el vacío de un rayo de luz en un instante de tiempo equivalente a 1/299.792.458 segundos, es decir, aproximadamente 3,34 ns (0,00000000334 segundos).

02 / 100

¿QUÉ ES UN SEGUNDO?

El tiempo es un concepto complejo, difícil de entender. Como decía el filósofo San Agustín: "Si nadie me pregunta qué es el tiempo, comprendo lo que es, pero si me piden que lo defina, no sé qué es."

La medida del tiempo ha ido cambiando a lo largo de la historia, así como la unidad básica de medida del tiempo. Si inicialmente se contaba el tiempo en días o lunas, el descubrimiento de la rotación terrestre sobre su propio eje define las horas, los minutos y los segundos. Hasta el año 1967 el segundo se definía como 1/86.400 parte de la duración del día solar medio entre los años 1750 y 1890. Pero a partir de 1968 la definición cambió por una más compleja, pero a la vez exacta: un segundo es la duración de 9.192.631.770 oscilaciones de la onda emitida en la transición entre los dos niveles hiperfinos del estado fundamental del isótopo 133 del átomo de cesio a nivel del mar. Esta definición evita que aparezcan desfases en la unidad básica de tiempo provocados por causas astronómicas, como la lenta desaceleración en el movimiento de rotación y traslación de la Tierra, evita ajustes en la unidad cada cierto tiempo y deja claro que el tiempo no es algo absoluto e invariable, sino relativo y cambiante. Efectivamente, el lapso de tiempo de un segundo no es idéntico en todos los sistemas de referencia, sino que depende de la velocidad de éstos. La teoría de la relatividad de Einstein rompió con la idea de un espacio y un tiempo absolutos. El tiempo se ralentiza en los sistemas de referencia que se mueven a alta velocidad, hasta el límite en que el tiempo se detendría si se pudiera alcanzar la velocidad de la luz.

03 / 100

¿QUÉ ES EL KILOGRAMO?

La unidad de masa en el sistema internacional de unidades es el kilogramo, es decir, 1.000 veces el gramo. Su definición ha sufrido cambios a lo largo de la historia, y ha sido de gran trascendencia en épocas pasadas (y lo es evidentemente en la actualidad). De saber exactamente qué es un kilogramo depende la cantidad de productos que se compran y se venden en un mercado, y por tanto la economía.

La primera definición de *kilogramo* está fechada en la Revolución Francesa, que especificaba que un kilogramo era la cantidad de sustancia (la masa) contenida en un decímetro cúbico (equivalente a un litro) de agua destilada a una atmósfera de presión y a una temperatura de casi 4 °C (exactamente 3,98 °C). Esta temperatura no es un capricho, pues es la que hace máxima la densidad del agua, siendo superior a la densidad de cuando se encuentra a 3,8 y 4 °C.

La complejidad de esta definición, y lo poco práctica que era para ser utilizada para la calibración de los pesos y sistemas de medida de masas, provocó que en el año 1889 se cambiara por la definición actual, según la cual un kilogramo es la masa de un prototipo cilíndrico circular de igual altura y diámetro, de 39 mm, compuesto por una mezcla de platino e iridio que se encuentra en la Oficina Internacional de Pesos y Unidades de París. Esta referencia cilíndrica es la base para efectuar diferentes copias que se distribuyen por todas partes, para calibrar lo mejor posible los equipos de medida de masa.

04 / 100

EL ESPACIO Y EL TIEMPO. ¿QUÉ ES EL ESPACIO-TIEMPO?

En nuestra vida cotidiana estamos acostumbrados a tratar con el espacio y el tiempo como dos variables independientes, sin ninguna relación entre sí. Localizamos las cosas mediante unas coordenadas espaciales: el paquete de arroz se encuentra en el tercer estante, la oficina se encuentra en la quinta planta de la calle Mayor, etc. A veces hace falta una cuarta coordenada, el tiempo, para acabar de definir un evento: el tren llega a la estación de Atocha (coordenada espacial) a las 16 horas (coordenada temporal). Con el espacio y el tiempo se pueden definir eventos diversos de forma unívoca. Hasta que Albert Einstein no enunció la teoría de la relatividad especial, el espacio y el tiempo se consideraban como variables absolutas e independientes, sin ninguna relación entre ellas. Y de hecho es como normalmente las percibimos, aunque en realidad forman una única estructura llamada *espacio-tiempo*.

La idea esencial de la teoría de la relatividad es que dos observadores que se mueven relativamente uno respecto del otro a una velocidad elevada, no despreciable respecto a la velocidad de la luz (casi 300.000 km/s en el vacío y el aire), miden tiempos y distancias diferentes para un mismo evento o fenómeno. Es decir, la percepción de las dimensiones espaciales y temporales depende del movimiento del observador. Esto es así porque la velocidad de la luz es independiente del sistema de referencia, es decir, que siempre tiene el mismo valor independientemente de la velocidad a la que se desplace el observador. Esto hace que el espacio y el tiempo sean flexibles y se amolden para que esta velocidad de la luz tenga siempre el mismo valor. Es decir, si desde tierra parados encendemos una linterna y se libera un haz de luz, éste se aleja de nosotros a 300.000 km/s, y por lo tanto recurre en un segundo la distancia de 300.000 km. Si ahora encendemos la linterna dentro de un vagón de tren imaginario que estuviera viajando a una velocidad cercana a la de la luz, el haz de luz se alejaría de nosotros a la velocidad de 300.000 km/h, aunque nosotros viajáramos a una velocidad cercana a ésta... Dado que la velocidad de la luz es constante, siempre tiene el mismo valor, la única manera de entender esto es aceptando que la distancia que viaja la luz en este segundo es más corta, y que el tiempo (este segundo) es un tiempo más largo dentro del vagón.

Hermann Minkowski, profesor de Einstein, dio estructura matemática a este entramado inseparable de espacio y de tiempo, al que llamó *espacio-tiempo*. Hoy en día sabemos que el espacio-tiempo es una estructura que se deforma bajo campos intensos, y que incluso se puede romper, formando los llamados *agujeros de gusano*..., pero eso lo dejamos para más adelante.

05 / 100

¿ES VERDAD QUE SÓLO HAY CUATRO FUERZAS EN EL UNIVERSO?

Uno de los hitos más grandes de la física desde sus inicios ha sido el descubrimiento y la identificación de las fuerzas que dominan el Universo. Aunque podemos pensar que hay muchas fuerzas actuando por todas partes, en realidad sólo son cuatro: la gravedad, el electromagnetismo, la fuerza fuerte y la fuerza débil. Estas cuatro fuerzas se cree que se encontraban unidas en una sola en el momento del Big Bang. Segundos después de la Gran Explosión, las fuerzas se fueron independizando hasta conformar las cuatro que hoy se conocen.

1. Fuerza de la gravedad. Si el lector está con los pies pegados al suelo, o despatarrado en un sillón, es consecuencia de esta fuerza. Es una fuerza que actúa a largas distancias, y siempre hace atraer a los cuerpos. Impide que la Tierra y las estrellas se desintegren, mantiene unidos el sistema solar y las galaxias. Aunque podamos pensar que es una fuerza intensa, no es así, es más bien débil, pero constante (a veces, como en la vida, vale más la constancia que la intensidad…). Hace falta una masa como la de la Tierra, de billones de billones de kilogramos, para que una hoja de papel caiga hacia ella, pero con un dedo, o simplemente soplando, podemos levantar la hoja del suelo. El hecho de que esta fuerza siempre esté actuando es la responsable de que los cuerpos celestes se atraigan, lenta pero constantemente, hasta formar estrellas y planetas, y el Big Bang.

2. Fuerza electromagnética. Por razones no conocidas con certeza, la fuerza eléctrica y la magnética no se han desacoplado y se mantienen unidas, siendo en el fondo lo mismo: una fuerza eléctrica genera una magnética, y una magnética genera una eléctrica. Seguramente es la fuerza con más aplicaciones para las actividades humanas, pues todos los aparatos electrónicos se basan en el conocimiento

de las fuerzas magnéticas y eléctricas. A diferencia de la gravedad, la fuerza eléctrica actúa sobre los cuerpos cargados eléctricamente, y puede ser atractiva o repulsiva, es decir, puede atraer o repeler los cuerpos. La magnética también puede ser repulsiva o atractiva.

3. Fuerza fuerte. Como indica su nombre, es la fuerza más fuerte del Universo, pero lo hace a unas distancias muy, muy pequeñas, inferiores al diámetro de un protón. Para distancias mayores, su intensidad es cero. De pequeños, en la escuela nos enseñaron que la materia está formada por átomos, y que éstos se dividen en dos zonas bien diferenciadas, el núcleo, donde hay protones y neutrones, y la corteza, donde se encuentran orbitando los electrones. Pero, si los protones tienen la misma carga positiva y, por tanto, se repelen, ¿cómo pueden mantenerse unidos? Pues la respuesta se encuentra en esta fuerza fuerte, que a distancias muy pequeñas es capaz de mantener unidas con mucha intensidad dos cargas del mismo signo.

4. Fuerza débil. La desintegración radiactiva es un fenómeno natural que se produce en el Universo. Los átomos se transforman de forma espontánea en otros, emitiendo energía y partículas subatómicas. La fuerza que genera esta desintegración es esta fuerza débil. Como dice su nombre, es la más débil de las fuerzas, y es la causante de que el núcleo de la Tierra esté caliente, al provocar la desintegración de los átomos de ciertas sustancias del interior terrestre, liberando energía en forma de calor. Es una fuerza de muy corto alcance, que sólo actúa a nivel del núcleo atómico.

Seguramente alguien estará pensando que en la naturaleza hay más fuerzas además de estas cuatro... Basta con mirar un combate de *pressing catch* o de boxeo para darse cuenta de la fuerza con la que dan puñetazos. Pero en el fondo el resto de fuerzas son el resultado de alguna de estas cuatro, o de una combinación de ellas. Así, la fuerza del puñetazo de un boxeador proviene de la energía que su cuerpo extrae al romper los enlaces de los alimentos que ha comido, los cuales obtienen la energía del Sol, que en el fondo proviene de la fuerza fuerte, al unirse dos átomos de hidrógeno y liberar mucha energía.

06 / 100

SÓLIDOS, LÍQUIDOS, GASES, Y... ¡PLASMA!

El estado más común de las sustancias en la Tierra es el sólido, el líquido o el gaseoso, pero fuera de nuestro planeta, en el Universo, la forma más común de estado de la materia parece que es el plasma. Este cuarto estado de la materia es una especie de gas de átomos ionizados, es decir, un gas cargado eléctricamente, compuesto por electrones libres que no están ligados a ningún átomo o molécula. Este fluido de iones (átomos con carga eléctrica) y electrones libres presenta unas características muy diferentes de las de los sólidos, líquidos o gases, por lo que es considerado un nuevo estado de la materia. Es, salvando las diferencias, como el magma de un volcán, no es exactamente sólido, pero tampoco líquido del todo. Con el plasma pasa algo similar.

El plasma forma la mayor parte de las estrellas y el gas interestelar. Su formación requiere unas condiciones de presión y temperatura muy elevadas, difíciles de encontrar en la naturaleza de nuestro entorno más cercano, por lo que no es evidente su existencia en la Tierra. Sin embargo, en la Tierra encontramos plasma por ejemplo en el interior de los fluorescentes de bajo consumo, en el interior de un reactor de fusión de una central nuclear y en algunos rayos de tormentas violentas. La caída de un rayo hace subir la temperatura del aire por encima de los 25.000 °C, formándose momentáneamente un estado de plasma (el misterioso fenómeno del rayo en bola se cree también que es una bola de plasma). La llama de una vela, por ejemplo, también puede ser considerada como un estado de plasma de baja temperatura.

07 / 100

¿QUÉ ES LA LUZ?

Popularmente se entiende por *luz* la porción del espectro electromagnético que ve el ojo humano. Pero hablando en propiedad esta definición sólo corresponde a la luz visible, una pequeña porción de todo el espectro. La definición de *luz* incluye otras formas de radiación electromagnética, como los rayos X, gamma, la luz ultravioleta, la infrarroja, las ondas de radio y TV y las microondas, que conforman el llamado *espectro electromagnético de la luz*. Bajo este nombre fantasmagórico se conoce la distribución energética del conjunto de las ondas electromagnéticas que emite una fuente luminosa.

Tipo de luz	Longitud de onda	Frecuencia
Rayos gamma	< 10 pm	> 30,0 EHz
Rayos X	< 10 nm	> 30,0 PHz
Ultravioleta lejano	< 200 nm	> 1,5 PHz
Ultravioleta próximo	< 380 nm	> 789 THz
Luz visible	< 780 nm	> 384 THz
Infrarrojo próximo	< 2,5 µm	> 120 THz
Infrarrojo medio	< 50 µm	> 6,00 THz
Infrarrojo lejano	< 1 mm	> 300 GHz
Microondas	< 30 cm	> 1,0 GHz
Radio de frecuencia ultraalta (UHF)	< 1 m	> 300 MHz
Radio de frecuencia muy alta (VHF)	< 10 m	> 30 MHz
Radio de onda corta	< 180 m	> 1,7 MHz

Radio de onda media	< 650 m	> 650 kHz
Radio de onda larga	< 10 km	> 30 kHz
Radio de frecuencia muy baja (VLF)	> 10 km	< 30 kHz

La luz es pues una onda electromagnética, es decir, un campo eléctrico y otro magnético perpendiculares que oscilan al mismo tiempo que se propagan en una determinada dirección, a una velocidad de casi 300.000 kilómetros por segundo en el aire (y en el vacío). La característica más importante de la luz, como en cualquier onda, es su longitud de onda, es decir, la distancia entre dos puntos en igualdad de fase (que vibran coordinadamente), y la frecuencia, que es el número de oscilaciones que hace cada segundo el campo eléctrico o magnético. De todas las frecuencias y longitudes de onda del espectro electromagnético, nuestro ojo sólo ve una pequeñísima franja, las que corresponden a la luz visible, que se encuentran concentradas aproximadamente entre los 380 nanómetros (0,0000000038 metros, color violeta) y los 740 nanómetros (0,0000000074 metros, color rojo) de longitud de onda y los 400 y los 800 THz de frecuencia: el color violeta corresponde a una onda en la que el campo eléctrico y el magnético oscilan cada segundo unas 800.000.000.000.000 de veces, y el rojo 400.000.000.000.000 de veces. El resto de radiación electromagnética no es perceptible por el ojo humano.

Color	Longitud de onda (-10^9 m)	Frecuencia (-10^{14} Hz)
Violeta	380-430	790-700
Azul	430-500	700-600
Cian	500-520	600-580
Verde	520-565	580-530
Amarillo	565-590	530-510
Naranja	590-625	510-480
Rojo	625-740	480-405

En el caso de la luz visible, podemos ver su espectro en el cielo cuando llueve y hace sol. Al pasar la luz por un prisma (las gotas de agua), se refracta y se descompone en los siete colores del arco iris. Esto es el espectro de la luz visible. Suele ser continuo, ya que la transición entre los colores se hace de forma suave, y las franjas de los diferentes colores aparecen enteras, sin ninguna línea oscura o más intensa. Pero no siempre es así. Cuando a un cuerpo se le suministra energía, se le ilumina con una determinada luz, puede emitir radiación en unos determinados colores, que corresponden a diferentes frecuencias. Entonces en el espectro se observan unas determinadas líneas con un color más marcado sobre el fondo del espectro continuo de la luz visible. Es el *espectro de emisión*. Si al incidir luz en lugar de emitir radiación absorbe, el espectro se llama *de absorción*, y al hacer pasar la luz por un prisma y descomponerse se observan unas determinadas líneas negras sobre el espectro continuo. Estas líneas más marcadas del espectro de emisión, o las oscuras del de absorción, son características de cada sustancia, por lo que son identificativas, como las huellas dactilares de las diferentes sustancias. El análisis del espectro de una fuente luminosa es una de las maneras para identificar sustancias desconocidas. Se utiliza para averiguar la composición de estrellas, galaxias y, en general, de cualquier sustancia, como el contenido de las bombillas de algunas farolas (recordémoslo para la pregunta 99).

Jordi Mazón Bueso

08 / 100

¿UNA ESTRELLA EMITE LUZ PROPIA MIENTRAS QUE UN PLANETA SÓLO LA REFLEJA?

Ésta era, y todavía es, la errónea definición que se da en algunos libros de enseñanza primaria para diferenciar y definir lo que es una estrella y un planeta. Equivocadamente, se dice que una estrella, como el Sol, emite luz propia, mientras que un planeta, como la Tierra o la Luna, la refleja pero no emite luz propia. Esta definición sería correcta si se refiriera a luz visible, pero no a luz en general, pues todos los cuerpos emiten luz siempre que estén por encima de $-273{,}15$ °C (0 K). El Sol, al igual que el resto de estrellas, emite luz visible, infrarroja, ultravioleta, gamma, X, microondas, radio y TV tanto corta como larga, lo que se conoce como *espectro electromagnético de la luz*. En cambio, es cierto que un planeta no emite luz visible propia, sino que la refleja, pero sí emite luz infrarroja propia, pues se encuentra por encima de 0 K. Según el planeta, también puede emitir otros tipos de radiación, como la gamma si contiene elementos radiactivos, entre otros.

En definitiva, pues, todo emite luz, incluso el lector la emite, concretamente luz infrarroja, como lo hacen las paredes del entorno, los radiadores, el hielo... ¿Qué? ¡¿Que el hielo emite calor?! No, no es ningún error. Todo cuerpo que esté por encima del cero absoluto (0 K en la escala Kelvin), es decir, por encima de $-273{,}15$ °C, emite radiación infrarroja. El hielo se encuentra a 0 °C, pero eso son 273,15 K, y por tanto el hielo emite mucho calor. Otra cosa bien distinta es que nuestros sensores situados bajo la piel sientan frío y que nos tengamos que abrigar cuando vamos a la nieve. La naturaleza es muy sabia, y aunque 0 °C es una temperatura elevada respecto a la escala Kelvin, el agua inicia la congelación, y también el agua de nuestras células, hecho peligroso para un individuo, por lo que los humanos sentimos mucho frío al acercarnos a los 0 °C. Pero que notemos frío el hielo no quiere decir que sea frío, y que no emita calor. Así pues, cuando vayáis a la nieve y os peléis de frío, pensad que objetivamente no hace frío, que estáis 273,15 grados por encima de 0 en la escala Kelvin... y que si estuvierais 273,15 grados por encima del 0 pero en la escala centígrada, estaríais bien quemados...

09 / 100

¿QUÉ DIFERENCIA EXISTE ENTRE LA TEMPERATURA Y EL CALOR?

Pues no, no son lo mismo. El calor es una forma de energía, mientras que la temperatura es un índice para cuantificar el calor de un cuerpo. Cuanto más calor tiene un cuerpo, mayor es este índice llamado *temperatura*.

Como sabemos, los cuerpos están formados por partículas, por átomos. En los sólidos estos átomos están fuertemente ligados por unas fuerzas de cohesión fuertes, ocupando posiciones fijas y vibrando alrededor de su punto de equilibrio. En los líquidos estos átomos están más débilmente ligados, de modo que ya no ocupan unas posiciones tan definidas, se encuentran más desordenados. En los gases las partículas atómicas no están enlazadas, y se mueven libremente, cada una moviéndose de forma independiente a las otras. Pues bien, cuanto más calor tiene un cuerpo, más energía tienen sus partículas atómicas. En el caso de los sólidos, el movimiento de vibración es más energético cuanta más calor tienen, de forma que las vibraciones pueden debilitar los enlaces entre las partículas y desordenarlas, transformarlas en líquidos. Si el calor sigue incrementándose, la agitación térmica de las partículas atómicas puede ser tan intensa que acaben rompiendo los enlaces atómicos y las partículas se vuelvan libres, transformándose en un gas.

Así pues, el calor de un cuerpo está muy relacionado con el estado de vibración de sus partículas atómicas. La temperatura da idea de este estado de vibración. Existen diferentes escalas de temperatura, y la escala centígrada es la más común (no hay que confundirla con la escala Celsius). Tanto la escala Celsius como la centígrada se basan en la temperatura de ebullición y de fusión del agua a nivel del mar. Celsius estudió la dilatación de un metal como el mercurio en un tubo cerrado. En el punto de congelación del agua, el mercurio se contraía hasta una determinada altura del tubo, que definió como 100. A medida que la temperatura ascendía, también lo hacía el mercurio, hasta que la altura a la que llegaba el mercurio la definió como *punto* 0. Dividió la distancia entre el 100 y el 0 en 100 partes iguales, y así se originó una escala, la escala Celsius. La escala centígrada, la que encontramos en los termómetros, tiene los valores cambiados: al punto de congelación se le otorga el 0 °C, mientras que al punto de ebullición el 100 °C. Pero en ciencia se utiliza la escala absoluta o Kelvin. Esta escala tiene un origen, el cero absoluto, que corresponde a $-273,15$ °C (0 K), y no tiene límite superior.

10 / 100

¿CUÁL ES LA TEMPERATURA MÁS BAJA QUE PUEDE ALCANZAR UN CUERPO?

Teóricamente, el cero absoluto en la escala Kelvin (0 K), que corresponde a –273,15 °C. Las moléculas y los átomos de un cuerpo que se encontrara a esta temperatura tendrían la mínima energía térmica posible, y según las leyes de la física clásica estas partículas tendrían ausencia de movimiento, ni siquiera vibrarían. Estarían totalmente quietas. Pero según las leyes de la física cuántica deberían tener una energía residual no nula, llamada *energía del punto cero*, y por tanto un pequeño movimiento, para satisfacer el principio de incertidumbre de Heisenberg, uno de los pilares de la física cuántica según el cual no es posible conocer con exactitud y de forma simultánea la posición y la velocidad de una partícula. Si a 0 K las partículas estuvieran totalmente paradas, se podría conocer con precisión tanto su velocidad como su posición, y eso violaría este principio.

Según la tercera ley de la termodinámica, el cero absoluto es una temperatura límite a la que ningún sistema físico puede llegar. La energía necesaria para hacer bajar la temperatura de un sistema a 0 K tiende a infinito de forma asintótica, de manera que cuanto más se aproxima el sistema a los 0 K más energía se requiere para seguir bajando la temperatura, hasta que la energía necesaria sería infinita.

La temperatura más baja alcanzada en la Tierra se logró en un laboratorio del MIT (Massachusetts Institute of Technology) en el año 2003: se logró una temperatura del orden del nanokelvin. A estas temperaturas los cuerpos se comportan de forma extraña, con fenómenos peculiares, entre los que cabe destacar la formación de condensados de Bose-Einstein y la superfluidez. Si a temperatura ambiente los electrones que orbitan alrededor de los núcleos atómicos ocupan diferentes niveles energéticos, a temperaturas cercanas a los

0 K los electrones de los átomos ocupan todos los mismos niveles energéticos, el mínimo nivel de energía, llamado *fundamental*. Este sistema con todos los átomos en el estado fundamental de energía es el llamado *condensado de Bose-Einstein*. La superfluidez es una consecuencia del estado de Bose-Einstein, en el que un cuerpo no presenta ningún tipo de viscosidad y puede desplazarse sin pérdidas de energía por fricción y subirse por las paredes de recipientes.

11 / 100

¿HACE FRÍO EN EL ESPACIO INTERGALÁCTICO?

En el punto más remoto imaginable del espacio exterior, que no pertenezca a ninguna galaxia, donde no se observe ningún punto de luz visible y esté realmente apartado de cualquier cuerpo masivo, la temperatura estaría cerca de los 0 K, pero sin llegar. Concretamente se estima que la temperatura del Universo profundo es de unos 2,7 K (aproximadamente −271 °C). Uno podría pensar que en un lugar como este, lejos de toda fuente de calor del Universo como son las galaxias, las estrellas, los planetas, las calefacciones de los centros comerciales…, la temperatura debería ser exactamente de 0 K. Pero no es así, pues existe una radiación de fondo, llamada *radiación del fondo de microondas*, que mantiene ese mínimo calorcito en el Universo. Esta radiación proviene de la explosión del Big Bang, que emitió radiación por todo el Universo que a medida que se expandía cambió de longitud de onda como consecuencia del efecto Doppler (el mismo que los radares de la Guardia Civil de tráfico), derivó en microondas y permanece actualmente como radiación de fondo, presente incluso en el punto más remoto y apartado de nuestro Universo.

12 / 100

¿CÓMO SE TRANSMITE EL CALOR?

La segunda ley de la termodinámica deja en claro el hecho de que el calor se transmite en un orden definido, de los cuerpos calientes a los fríos, buscando el equilibrio termodinámico. Esta transferencia de calor de un cuerpo a otro se puede realizar de tres formas: por conducción, por convección y por radiación.

Si sujetamos una cuchara metálica por un extremo y acercamos el otro extremo a una fuente de calor, como por ejemplo la llama de un hornillo, al poco rato notaremos que el calor nos llega a la mano. El calor se ha transmitido por la cuchara por conducción. Esto es así porque las partículas de la cuchara vibran cada vez con más intensidad a medida que se calientan, sin dejar su posición de equilibrio. Las vibraciones se transmiten de molécula a molécula, y así se transmite la energía, aumentando la temperatura del extremo caliente al frío de la cuchara. Esta es la forma típica de transmisión del calor de los sólidos. En los líquidos y los gases, el calor se transmite de forma diferente. Si colocamos la mano unos centímetros sobre una llama notaremos el calor de la misma. El transporte de la energía de la vela se realiza por medio de un desplazamiento de las moléculas del aire. La llama calienta el aire de alrededor, que se dilata, pierde densidad y asciende hasta la mano. El vacío que deja este ascenso del aire caliente es rellenado por aire frío del entorno, más denso. Se establece entonces una corriente llamada *de convección*. Estas corrientes de convección son típicas en el aire y en los líquidos. Dentro de una olla llena de agua y puesta sobre un fuego, se forman estas corrientes convectivas. El agua caliente asciende y es reemplazada por la más fría de la parte superior. Esta forma de transmisión de calor, a diferencia de la conducción, implica un movimiento y un desplazamiento de partículas.

Finalmente, la tercera forma de transmisión del calor es la radiación. Todos los cuerpos irradian calor, tanto líquidos, como sólidos, como gases, en forma de ondas electromagnéticas. Del mismo modo que el Sol o una bombilla notamos que irradian calor, el resto de cuerpos también lo hacen aunque no nos lo parezca. Emiten unas ondas electromagnéticas que se propagan hacia todas partes, sin que haya transmisión de partículas. Cuanta mayor es la temperatura del cuerpo, más energía irradia el cuerpo. Este calor es el que notamos cuando nos ponemos delante de un radiador (no encima, ya que entonces hay también transmisión por convección), o el que notamos que nos llega del Sol.

13 / 100

¿POR QUÉ SENTIMOS FRÍO AL TOCAR UNA BARRA DE HIERRO Y NO SI ES DE MADERA, SI ESTÁN A LA MISMA TEMPERATURA?

Una sensación que alguna vez hemos experimentado es el hecho de que al acercarnos y tocar una pieza metálica, como el pomo de una puerta, o un marco de aluminio, la notamos más fría que una pieza no metálica, como por ejemplo una puerta de madera o una pared. Todos estos objetos dentro de un habitáculo se encuentran a la misma temperatura, pero en cambio al tocarlos nos da la sensación de que no es así, que los materiales metálicos están más fríos que los no metálicos. La razón de esta sensación reside en el hecho de que los metales son buenos conductores térmicos, y los no metálicos mal conductores, muy buenos aislantes. Así pues, al poner la mano en un objeto metálico, el calor de la mano (que se encuentra a una temperatura aproximadamente de 33 °C) es rápidamente conducido por el metal y enseguida por la mano se va perdiendo calor. El paso del calor de la mano hacia el metal se hace de forma rápida, la pérdida de calor de la mano es acusada y tenemos la sensación de frío en la mano. En cambio, al tocar un cuerpo no metálico, como la madera, al ser un mal conductor del calor de la mano, éste no se transmite con rapidez hacia la madera, y la pérdida de calor de la mano es muy lenta, o incluso nula, ya que la madera es un buen aislante térmico y no transmite el calor.

Ésta es también la razón por la que caminar descalzo por los suelos de baldosas no es aconsejable, si no queremos coger frío. Los pies suelen estar a una temperatura relativamente elevada, comparada con el suelo. Si nos ponernos descalzos sobre este tipo de suelo, el calor del cuerpo se transmite de forma rápida, ya que la cerámica transmite relativamente bien el calor (por eso en las barbacoas se colocan baldosas reflectantes) hacia el suelo, y nuestro cuerpo se enfría. En cambio, caminar sobre parquet o madera es diferente. No sentimos el mismo enfriamiento, ya que el calor que se pierde a través de nuestros pies y pasa a la madera no es conducido tan fácilmente por este material.

14 / 100

¿POR QUÉ SENTIMOS CALORCILLO SI EL AIRE SE ENCUENTRA A 25 °C, Y EN CAMBIO SENTIMOS FRÍO CUANDO NOS BAÑAMOS EN AGUA A 25 °C?

El aire y el agua son dos fluidos que difieren, entre otras cosas, por la densidad. El aire tiene una densidad media a nivel del mar de aproximadamente 1 kg por metro cúbico, mientras que el agua es más densa, aproximadamente 1.000 kg por metro cúbico. Esto quiere decir que las moléculas del aire se encuentran más espaciadas que las del agua, y que por tanto les cuesta más transmitir el calor que el agua. El aire es un mal conductor térmico, mientras que el agua no lo es tanto. La temperatura media de la superficie de un cuerpo humano es de 33 °C, y cuando se pone en contacto con una masa de aire a 25 °C el cuerpo transmite este calor al aire, pero éste, al ser tan mal conductor térmico, transmite muy lentamente este calor, de manera que el cuerpo cede el calor al aire muy lentamente, y así hace que la sensación de pérdida de calor sea ligera. En cambio, si nos sumergimos en una piscina con una temperatura del agua de 25 °C, el ritmo de cesión del calor del cuerpo al agua es más rápido, pues el agua conduce mejor el calor y toma constantemente el calor del cuerpo. Esto hace que el cuerpo pierda rápidamente calor y que la sensación que uno tiene sea de frío.

15 / 100

¿HAY QUE CERRAR LA NEVERA PARA QUE NO SE ESCAPE EL AIRE FRÍO?

Siempre que husmeaba por la nevera de mi madre, ya fuera en busca de algo para picar o para sacar algo concreto, tenía que oír: "Cierra rápido la nevera que se escapa el aire frío". Era, y es aún hoy en día, una frase que repite nada más toco la puerta de la nevera, incluso si advierte que voy hacia la cocina. <u>Y eso que le he explicado mil veces que el aire frío no se escapa de la nevera, si acaso es el aire caliente que entra</u>. Y es que en este Universo en el que vivimos el calor fluye de los cuerpos de más temperatura a los de menos, de los calientes a los fríos, pero nunca al revés.

En invierno hay que cerrar las puertas y ventanas de una casa para que no se escape el calor de dentro, ya que afuera la temperatura es más baja y el calor del interior tiende a salir hacia el frío del exterior. En verano, en muchos pueblos y ciudades del interior donde la temperatura supera de largo los 33 °C también hay que cerrar las puertas y ventanas, para que el calor de la calle no entre hacia el interior de las casas, en principio más frescas.

Éste es el mismo principio por el cual las masías y muchas casas de campo de montaña tienen pocas ventanas y las paredes gruesas. En invierno se mantiene el calor creado, y en verano al calor de afuera le cuesta entrar en el interior.

Con el cuerpo humano pasa lo mismo. Una persona sana se encuentra a una temperatura interna del orden de los 36,5 °C, y la piel alrededor de los 33 °C. En invierno, cuando la temperatura del aire es muy baja, nos tenemos que abrigar para dificultar que nuestro cuerpo transfiera demasiado calor al entorno y nos enfriemos. En verano, cuando la temperatura del aire supera los 33 °C, también es conveniente abrigarnos (bueno, ponernos manga larga fina) para evitar que el calor del aire llegue a nuestro cuerpo. Es la estrategia que utilizan los habitantes de las tribus del desierto, llevar vestidos amplios, para que haya circulación de aire, y de manga larga, para evitar que el aire caliente del exterior entre en las vestimentas, donde la temperatura no excede los 33 °C.

Alguna vez he pensado en comprar a mi madre una nevera tipo arcón, como las de los supermercados, abierta permanentemente. En éstas el aire frío tampoco sale, pero el cálido tampoco entra, ya que el aire frío, más pesado que el cálido, se queda permanentemente dentro del arcón-nevera. Lástima que ocupen demasiado y no quepan en una cocina convencional.

16 / 100

¿POR QUÉ UN METAL SE PONE DE COLOR ROJO CUANDO SE CALIENTA, Y NO VERDE?

De hecho sí se pone verde, y amarillo, azul, e incluso violeta… Pero los vemos como una mezcla, no individualmente.

La cantidad de energía que emite un cuerpo está relacionada con su temperatura, mediante la ley de Stefan-Boltzmann, según la cual la irradiación de un cuerpo es directamente proporcional a la cuarta potencia de la temperatura. Es decir, que incrementar el doble la temperatura de un cuerpo significa irradiar 2^4 ($2 \times 2 \times 2 \times 2 = 16$) veces más. Esta energía de emisión de los cuerpos depende de la temperatura, por lo que a temperatura ambiente la mayor parte de los metales emiten radiación infrarroja, es decir, calor. A medida que los calentamos, disminuye la longitud de onda de emisión, es decir, cambia el tipo de onda que emiten, haciéndose más energéticas y acercándose hacia las ondas más energéticas del espectro electromagnético de la luz. El paso del infrarrojo al visible se hace inicialmente con el color rojo. Por este motivo, cuando se calienta un cuerpo el primer color que emite es el color rojo. Si podemos incrementar la temperatura sin que el cuerpo pierda su integridad (se queme o se derrita), el cuerpo comienza a emitir otros colores, como naranja, amarillo, verde, azul… Estos colores se van agregando de manera que se mezclan todos, dando como resultado que tras el rojo el cuerpo adopta un color blanquecino, como el color de la luz del disco solar a mediodía. Difícilmente podemos observar colores aislados como el verde, pues la mezcla de los colores lo impide, aunque sí se emite este color.

Si siguiéramos aumentando la temperatura y el cuerpo siguiera íntegro (algo difícil en la mayoría de los metales), la emisión pasaría del visible al ultravioleta. Seguramente el cuerpo desaparecería ante nuestros ojos, pues ya no emitiría luz visible, sino ultravioleta (tipo A). Lo notaría nuestra piel, pues nos pondríamos morenos. Para temperaturas mayores deberíamos protegernos, pues pasaría a emitir radiación ultravioleta tipo B, dañina para nuestras células. En el hipotético caso de un material que pudiera soportar temperaturas superiores, podría emitir rayos X e incluso los superenergéticos rayos gamma.

La mayor parte de los metales, como el hierro cuando el herrero lo pone a la llama, se calientan hasta emitir en la luz roja. Difícilmente con un fuego convencional se puede alcanzar la temperatura que haga que un metal emita en el color verde, y mucho menos en el violeta.

17 / 100

¿POR QUÉ LAS GOTAS DE AGUA, LOS PLANETAS Y LAS ESTRELLAS SON ESFÉRICOS? ¿POR QUÉ SI SENTIMOS FRÍO LA POSTURA FETAL ES LA MEJOR?

En este Universo en el que vivimos todo tiende a la mínima energía. Los cuerpos tienden a adquirir formas y estados que les configuran una mínima energía... Sólo hay que observar a Homer Simpson cómo se despatarra siempre que puede en el sofá.

Aquella superficie que da la mínima energía a un cuerpo es la esférica. En el caso de las gotas de agua, la tensión superficial es la responsable de que adopten una forma esférica. Energéticamente, las moléculas de agua situadas en la superficie tienen más energía que las situadas en el interior. Esto es así porque una molécula de agua sumergida completamente está sometida a fuerzas de atracción en todas direcciones, debido a que está rodeada por moléculas por todas partes, de forma que las fuerzas se compensan y esta molécula sumergida en el fondo se encuentra bastante libre, con una energía de ligadura bastante baja. En cambio, una molécula situada en la superficie experimenta una fuerza importante hacia el interior del líquido, ya que por encima no hay moléculas de agua que la tiren hacia arriba. Esto hace que una superficie de agua, supongamos que inicialmente plana, tienda a disminuir el número de moléculas de la superficie (que tienen más energía), las sitúe hacia el interior (donde tienen menos energía), reduzca la superficie al mínimo posible y se convierta en una esfera, que es la que tiene menos área de todas las superficies. Este hecho es muy fácil de experimentar cuando, por ejemplo, salpicamos agua de un cubo con la mano, rápidamente el agua se vuelve esférica en el aire.

En el caso de los planetas y las estrellas, la causa es la misma que la del agua. En el proceso de formación de estos cuerpos celestes, la superficie que les configura menos energía (y así máxima estabilidad) es la superficie esférica.

Cuando un cuerpo pierde calor se enfría. Si se quiere evitar el enfriamiento, hay que minimizar las pérdidas de calor de este cuerpo, y esto pasa por que este cuerpo adopte la mínima superficie posible con el entorno, y ésta es una esfera. Esto siempre que el cuerpo pueda modificar la forma, claro. <u>En el caso de los humanos, cuando tenemos frío de forma casi instintiva adoptamos una posición fetal, que es la que más se aproxima a una superficie esférica</u> dentro de las limitaciones fisiológicas de los humanos. Las pérdidas de calor del cuerpo en esta posición son mínimas.

Y si alguien lo duda, pensemos en qué posición adoptamos cuando nos echamos a dormir las cálidas y bochornosas noches tropicales del litoral mediterráneo: estirados con piernas y brazos bien abiertos, para exponer la máxima superficie corporal al aire y así liberar por evaporación el máximo calor posible del cuerpo... Todo lo contrario de la posición fetal.

18 / 100

¿QUÉ ES SONIDO? ¿OÍMOS TODOS LOS SONIDOS LOS HUMANOS?

Cuando un objeto vibra, como la cuerda de una guitarra o las cuerdas vocales de un ser humano, transmite esa vibración a las moléculas del medio que le rodea, propagándose la vibración por todo el medio. Esto es el sonido, la propagación por un medio de una vibración, en forma de onda longitudinal, es decir, que la vibración de las partículas del medio se produce en la misma dirección de propagación de la onda sonora. Las partículas del medio no se desplazan, sino que vibran adelante y atrás al incidir la vibración, se comprimen y se dilatan empujando las que tienen a los lados y transmiten así la vibración. Una condición imprescindible para que haya sonido, pues, es que exista un medio material por el que se propague la vibración, como el aire, la madera o el vidrio. A diferencia de la luz, el sonido requiere un medio para propagarse. Cuanto más denso es el medio, más rápido se puede propagar el sonido, ya que las moléculas están más juntas y es más fácil la transmisión de la vibración. En cambio, en medios poco densos, como los gases, la transmisión es más difícil.

Pues bien, no todas las vibraciones son percibidas por el oído humano. En general, una persona con una audición normal puede oír ruidos con unas frecuencias comprendidas entre los 20 Hz y los 20.000 Hz (es decir, aquellas vibraciones de las partículas del medio comprendidas entre 20 y 20.000 oscilaciones por segundo). Sin embargo, ya sabemos que hay personas que oyen pero no escuchan, sobre todo entre algunos alumnos y políticos..., pero eso sería otra cuestión, y no de física.

Las vibraciones inferiores a 20 Hz se denominan *infrasonidos*, y por encima de los 20.000 Hz, *ultrasonidos*. Hay animales que oyen fuera de este rango de audición humana, como los murciélagos, que emiten ultrasonidos para orientarse y detectar insectos, o los perros, que también oyen este tipo de sonidos. Las ballenas y los elefantes oyen los infrasonidos, y parece ser que estos últimos los utilizan para comunicarse entre sí.

19 / 100

¿POR QUÉ LA LUZ SE TRANSMITE POR EL VACÍO, Y EL SONIDO NO?

El sonido es una onda longitudinal que requiere un medio material, más o menos elástico, para propagarse. Las moléculas del aire son un medio elástico, y propagan las ondas sonoras. Al ser una onda longitudinal, cuando una perturbación genera una diferencia de presión en el aire se transmite a las moléculas, y éstas se ponen a vibrar, chocan entre sí, de forma que van transmitiendo la perturbación inicial por el aire. Si no hay ningún medio elástico, las ondas longitudinales no pueden propagarse, que es lo que pasa en el vacío. Al no haber partículas, el sonido no se puede transmitir.

En cambio, la luz sí se propaga por el vacío (y por el aire), ya que es una onda electromagnética transversal, en la que un campo eléctrico y otro magnético oscilan perpendicularmente, sin necesidad de que ninguna partícula propague la oscilación de los campos magnéticos y eléctricos. En estas ondas no hace falta la existencia de partículas para transmitir la oscilación de los campos, de forma análoga no es necesaria la existencia del aire para que un imán atraiga un material ferromagnético, ya que el campo magnético (y eléctrico) actúa haya o no partículas con masa que choquen entre sí.

Por esta razón, en las películas de ciencia-ficción, en las que naves intergalácticas se persiguen disparando potentes rayos láser, al haber una explosión no deberíamos oír nada de nada. Es más espectacular oír grandes explosiones en medio del espacio intergaláctico, aunque físicamente no es posible. Sin embargo, hay películas que sí han considerado este hecho, y han mantenido el silencio absoluto del espacio. En *2001: una odisea en el espacio*, todas las escenas que tienen lugar fuera de la nave espacial se desarrollan en un silencio absoluto. Sólo en los planos en que la cámara muestra el punto de vista de los astronautas David Bowman y Frank Poole, dentro del casco espacial, podemos oír la angustiosa respiración de los mismos.

20 / 100

¿CUÁNDO SE PROPAGA MEJOR EL SONIDO, EN VERANO O EN INVIERNO?

El sonido es la transmisión de una vibración por las moléculas de un medio material. Al incidir una vibración, las moléculas del medio se comprimen y se dilatan, empujando a las vecinas y propagándose así la vibración. La velocidad del sonido en un determinado medio depende fundamentalmente de la velocidad con la que se pueden mover las moléculas del medio por donde se propaga el sonido. En el caso de los gases, las moléculas pueden moverse más rápidamente cuando más separadas se encuentran, es decir, cuando menos denso es el gas en cuestión. Así pues, el sonido se propaga más rápidamente en el aire caliente que en el aire frío. A 0 °C el sonido se propaga aproximadamente a 1.195 km/h, velocidad que aumenta aproximadamente unos 2,2 km/h por cada grado centígrado de incremento térmico del aire. En gases más ligeros que el aire, la movilidad de las moléculas también se incrementa con la temperatura y, por tanto, también la velocidad del sonido (por ejemplo, la velocidad de propagación del sonido en hidrógeno a 0 °C es de poco más de 4.660 km/h).

Durante el verano, cuando la temperatura del aire es más alta, el sonido se transmite mejor que en invierno. Un mediodía de verano mediterráneo la temperatura puede alcanzar los 30 °C sin mucha dificultad en el litoral, mientras que en invierno se puede llegar fácilmente a los 10 °C. Una diferencia de 20 °C que significa aproximadamente una diferencia de unos 44 km/h en la velocidad de propagación del sonido.

En los líquidos y los sólidos la situación es totalmente diferente. Las moléculas se encuentran ocupando posiciones más o menos fijas, en contacto, y al comprimirse cuando incide una vibración se separan y se contraen rápidamente, incrementándose la velocidad de movimiento de estas moléculas cuando más juntas se encuentran, es decir, a mayor densidad. Por esta razón en los sólidos y los líquidos el sonido se transmite más rápidamente que en los gases. El sonido se propaga aproximadamente a 5.210 km/h en el agua, y a unos 17.700 km/h en el acero.

21 / 100

¿POR QUÉ PODEMOS DISTINGUIR UNA MISMA NOTA MUSICAL DE DIFERENTES INSTRUMENTOS MUSICALES? ¿POR QUÉ NO OÍMOS DOS VOCES IGUALES?

Nuestros oídos pueden diferenciar los sonidos fuertes de los débiles, los graves de los agudos, si provienen de un violín o de una guitarra, o de una u otra persona. Esto es así porque el sonido presenta tres características, llamadas *cualidades del sonido*, que nuestros oídos saben diferenciar bien. Las tres cualidades del sonido son la intensidad, el tono y el timbre.

La intensidad está relacionada con el volumen acústico del sonido, con la mayor o menor amplitud de la onda sonora. La intensidad de una onda sonora es la energía que se transmite por unidad de área y de tiempo. Nuestros oídos perciben intensidades comprendidas entre los 10^{-12} W/m^2 (umbral audible) hasta 1 W/m^2 (umbral del dolor). Una forma de medir esta intensidad es mediante una magnitud llamada *nivel de intensidad sonora*, que se expresa en decibelios (dB), y se puede medir fácilmente mediante unos instrumentos llamados *sonómetros*. La Organización Mundial de la Salud marca unos valores máximos que resulta aconsejable no superar para garantizar una buena salud auditiva, psicológica y fisiológica. La exposición a un exceso de ruido provoca serios problemas de salud en las personas, no sólo auditivos, sino también psíquicos y fisiológicos. En este sentido la Unión Europea ha llamado la atención muy a menudo a nuestro país, por la tolerancia al aplicar las normativas referentes al control de este ruido excesivo. La contaminación acústica es un problema al que no se le da la importancia que tiene.

Si una persona sana tiene un rango de audición comprendido entre los 20 y los 20.000 Hz, en nuestro entorno una persona de mediana edad se convierte en sorda para frecuencias superiores a los 16.000 Hz, y a partir de los setenta años en frecuencias superiores a los 8.000 Hz.

El tono de un sonido permite distinguir los sonidos graves de los agudos, y por lo tanto diferenciar las compresiones y las dilataciones del aire que percibe el oído. Los sonidos graves o de tono bajo son los de baja frecuencia, mientras que los agudos, o tonos altos, los de alta frecuencia.

Nuestro oído también permite diferenciar dos sonidos que tienen la misma intensidad y el mismo tono, pero que son emitidos por dos fuentes diferentes. Generalmente, los sonidos no son puros, sino que son el resultado de varios movimientos periódicos superpuestos a la onda fundamental, llamados *armónicos* o *sobretonos*. Cada sonido es una onda compuesta por una onda fundamental (que corresponde a un sonido puro) y unas ondas superpuestas (armónicos), que le confieren una característica específica, llamada *timbre*, y que nuestro oído puede diferenciar. Una misma nota musical, con el mismo tono e intensidad, puede tener diferente timbre. Es lo que permite que podamos diferenciar las mismas notas de un piano, de un violín o de una guitarra, por ejemplo.

22 / 100

¿SE PUEDE ROMPER UNA COPA DE CRISTAL CON LA VOZ?

En el cómic *Las joyas de la Castafiore*, de las aventuras de Tintín, la cantante de ópera Bianca Castafiore es capaz de romper una copa de cristal con su do de pecho. El fenómeno es posible, y sucede más a menudo de lo que pensamos, y no sólo con copas, sino con otras estructuras como puentes, o las alas de aviones (en este último caso el fenómeno se llama *flutter*).

El cristal de una copa está formado por átomos, que, como en todos los sólidos, se encuentran ocupando unas posiciones fijas, vibrando alrededor de sus posiciones de equilibrio con una frecuencia que se llama *frecuencia natural (o propia) de vibración*. Al ver una copa, tenemos que imaginarnos que, a nivel atómico, está compuesta por muchísimos átomos vibrantes.

Pues bien, puede ocurrir que una onda externa, como el do de pecho largo y prolongado de una cantante de ópera, incida en la copa, y las moléculas del aire tengan la misma frecuencia de vibración que la natural de los átomos del cristal, de forma que se acoplan y la onda externa va dando fuerza a la vibración de los átomos del cristal. Es algo similar a lo que ocurre con un columpio. Si empujamos un columpio cuando éste se aleja de nosotros, en pocos segundos el columpio habrá adquirido mucha energía, y puede incluso dar la vuelta o romperse. En cambio, si lo empujamos cuando no se aleja, sino cuando llega o en algún otro momento, los frenaremos o lo distorsionaremos, pero no lo empujaremos con energía. Pues con la copa de cristal pasa lo mismo. Si la frecuencia de la onda incidente (la que genera en el aire la cantante de ópera) coincide con la frecuencia natural de vibración de las partículas atómicas del cristal, éstas adquieren cada vez más energía, hasta que llega un punto en que la vibración es tan energética que los enlaces entre los átomos no pueden soportar la vibración y se rompe la copa. Es el fenómeno de la resonancia.

Los militares tienen la orden (¡y por tanto indiscutible!) de romper el paso cuando atraviesan un puente, ya que ha habido casos en que la vibración que generan cientos de soldados golpeando todos al mismo tiempo el suelo ha generado una vibración que entra en resonancia con los átomos de la estructura del puente y éste acaba por empezar a oscilar e incluso se ha llegado a romper. El impacto del viento con las alas de un avión también puede generar este fenómeno de resonancia, que genera una oscilación espectacular de las alas de la aeronave. Cuando esto sucede, el piloto del avión sólo tiene que modificar la velocidad del avión, rompiendo así la resonancia.

23 / 100

¿POR QUÉ CUANDO UN COCHE O UNA MOTO SE ACERCA, PASA POR DELANTE DE NOSOTROS Y DESPUÉS SE ALEJA OÍMOS UN "¡BRRRRUMMMM!" PRIMERO AGUDO Y DESPUÉS GRAVE?

No sólo con los coches o las motos que se acercan y luego se alejan. Si prestamos atención, oiremos como muchos focos sonoros en movimiento respecto a nosotros (o nosotros respecto a él) cambian de frecuencia y de tonalidad. La ambulancia misma. Cuando se acerca el "ni-no-ni-no…" (o el "tu-ru-tut…" si es del 061) lo oiremos primero agudo, y cuando se aleja lo oiremos más grave. Y si nos cruzamos por una calle con una ambulancia y nosotros vamos en coche el cambio de frecuencia es aún mucho más marcado. Este cambio de frecuencia responde al llamado *efecto Doppler*.

Cuando un foco sonoro en reposo emite ondas sonoras, éstas se propagan y llegan al receptor con la misma frecuencia. Pero si el receptor se acerca al foco emisor a una cierta velocidad, éste cada vez percibe las ondas con más frecuencia, más seguidas, mientras que si se aleja del foco las percibe con menos frecuencia, más espaciadas. Las frecuencias altas corresponden a sonidos agudos, y las bajas frecuencia a sonidos graves, y por tanto el movimiento relativo entre un foco emisor de ondas sonoras y un receptor cambia el tipo de sonido que percibe.

Este cambio de frecuencia de las ondas sonoras cuando la fuente y el observador se encuentran en movimiento relativo es fácilmente perceptible por nuestro oído en nuestra vida diaria. No hacen falta grandes velocidades relativas para percibir la variación de frecuencia. No ocurre lo mismo con la luz, en que la velocidad relativa al observador debe ser mucho mayor, fuera de las velocidades a las que estamos acostumbrados los humanos. Si un objeto se moviera a una velocidad cercana a la de la luz respecto a un observador, éste observaría un cambio de frecuencia: si se aleja aumenta, y si se acerca disminuye. En el caso de la luz la frecuencia define el tipo de onda electromagnética, de forma que dentro del espectro visible las altas frecuencias corresponden a colores cercanos violetas y azules, mientras que las bajas frecuencias a los rojos y anaranjados. Así pues, en el hipotético caso de un cuerpo que se alejara a una velocidad cercana a la de la luz, lo observaríamos de un color rojizo, mientras que si se acercara lo veríamos de un color violeta tendiendo a azul. Con este consolidado fundamento físico el abogado de un ciudadano estadounidense quiso defender a su cliente por haberse saltado un semáforo en rojo. Según alegó, la elevada velocidad que llevaba el coche hizo que observara la luz roja del semáforo con una menor frecuencia de la que realmente emite, transformándose en una luz infrarroja y que por tanto no podía observar con sus ojos. Evidentemente, el juez se asesoró y, aunque es totalmente imposible circular a la velocidad necesaria para que se produzca este fenómeno, lo condenó por doble infracción: saltarse un semáforo en rojo y exceso de velocidad.

24 / 100

LA GUARDIA CIVIL Y EL BIG BANG

No es el nombre de ninguna novela, película, o serie de televisión. Tampoco tiene nada que ver con ninguna misión ni manera de actuar de los cuerpos de policía de la Dirección General de Tráfico...¿Qué tienen en común, pues, la Guardia Civil y el Big Bang? ¡El efecto Doppler!

Circular a demasiada velocidad con el coche o la moto por nuestras carreteras puede ser peligroso, y los miembros de la Guardia Civil de Tráfico lo saben muy bien. Por eso son los encargados de velar por nuestra seguridad, de modo que si superamos el exceso de velocidad nos avisan, enviando a casa una foto de recuerdo del momento en que superamos este límite (junto con un boleto que nos aconseja contribuir económicamente al mantenimiento de nuestras carreteras). Esta foto está hecha con un ingenioso mecanismo llamado *radar*, que funciona aprovechando el efecto Doppler. Un turismo de la Guardia Civil (que de buenas a primeras nadie diría que es de la policía, sino que puede ser que se parezca al del lector o el mío) que por casualidad se coloca en la cuneta, en un lugar oculto (para no molestar la circulación, ¡no pensemos mal!), incorpora un radar que emite ondas electromagnéticas de frecuencia conocida. Al pasar un coche, las ondas se reflejan en éste y vuelven de nuevo al radar de la Guardia Civil. Como el coche circula a cierta velocidad, la frecuencia que percibe es inferior a la que percibiría si estuviera en reposo. Cuanto más rápido circule, menor es la frecuencia que percibe. El radar de la Guardia Civil percibe un cambio de frecuencia respecto a la emitida inicialmente. El radar sabe que la velocidad máxima permitida corresponde a un determinado cambio de frecuencia, y que si este cambio es superior al fijado hay que disparar una cámara para celebrar el momento. Y así lo hace el radar, teniendo en cuenta unos límites de tolerancia y de calibración del aparato.

Hoy en día sabemos que el Universo se expande gracias al efecto Doppler. Sir Edmond Hubble fue un astrónomo del siglo XX que observó la luz de las galaxias cuando ésta pasaba por un prisma, de modo que la luz se descomponía en los siete colores del arco iris. Observó que, mirara donde mirara, el espectro de estos cuerpos celestes se encontraba desplazado hacia el color rojo, hacia frecuencias bajas. Esto quería decir que los objetos que analizaba se alejaban a gran velocidad de nuestra galaxia, y atribuía al efecto Doppler la disminución de la frecuencia de la luz emitida por esas galaxias lejanas. Si todos los cuerpos se alejan entre sí, quiere decir que en algún momento de la historia del Universo estaban más próximos. De ahí surgió la teoría de la Gran Explosión, el Big Bang.

25 / 100

¿POR QUÉ LOS CUERPOS SON OPACOS, TRANSLÚCIDOS O TRANSPARENTES?

En el año 1864 James C. Maxwell dio a conocer la teoría del electromagnetismo, según la cual la luz es una onda electromagnética, y por tanto se propaga siguiendo un movimiento ondulatorio. Cuando esta onda incide en un determinado medio, puede atravesarlo sin dificultad, con dificultad, o bien no atravesarlo. En el primer caso se habla de medio *transparente*, *translúcido* en el segundo y *opaco* en el tercero. Pero ¿de qué depende este hecho? La teoría atómica da una sencilla explicación. En los sólidos, los átomos están fuertemente ligados y concentrados, ocupando unas determinadas posiciones, mientras que en un líquido o en un gas los átomos están más desordenados. La mayor parte de los sólidos son opacos, pues la gran densidad de átomos que los conforman no deja que una onda electromagnética de luz pueda avanzar dentro del sólido. Por el contrario, la mayor parte de los líquidos y gases son transparentes a la luz, puesto que las ondas electromagnéticas de la luz pueden pasar entre los "grandes espacios" de los átomos. Hay que tener en cuenta que la luz visible es una onda que, entre pico y pico (la longitud de onda), se encuentra comprendida aproximadamente entre los 350 nm en el caso del violeta y los 600 nm para el rojo. La distancia entre los átomos en los gases y en la mayor parte de los líquidos es superior a esta distancia, y la luz puede atravesar.

Seguramente el lector se estará preguntando si esta regla es así para todas las sustancias. Y la respuesta es que no. Hay muchos cristales que son sólidos y completamente transparentes, como un vaso de cristal, por ejemplo. En los cristales los átomos se encuentran ocupando unas posiciones fijas, configurando una estructura bien definida y ordenada, con filas bien delimitadas y con unos espacios entre filas bien marcados. La luz puede abrirse paso entre estas filas bien ordenadas de átomos, en diferentes direcciones, y atravesar el sólido. Calentando a altas temperaturas determinados sólidos y enfriándolos de golpe se puede conseguir que los átomos del sólido pasen de ocupar unas posiciones al azar a otras ordenadas, y por tanto de ser opaco a ser transparente.

26 / 100

¿PODRÍA EXISTIR EL HOMBRE INVISIBLE?

Para que un cuerpo sea invisible es necesario que la luz pase a través de él. En el caso de una persona, por ejemplo, sería necesario que la luz pasara a través de ella y no se reflejara en el cuerpo al no poder penetrar, como realmente sucede. Habría, pues, que reordenar los átomos de un cuerpo, como ocurre con el cristal, haciendo que ocuparan unas posiciones bien ordenadas que permitieran el paso de las ondas de luz. Una opción nada recomendable para los humanos sería fundir el cuerpo a elevadas temperaturas para enfriarlo de pronto, como se hace con los cristales.

Hasta no hace muchos años la física no veía posible la opción de hacer invisible un cuerpo, pero el descubrimiento en 2006 de nuevos y extraños materiales, llamados *metamateriales*, ha abierto las puertas a la invisibilidad. Estos nuevos materiales no se encuentran en la naturaleza. Su formación se realiza en un laboratorio, insertando en determinadas sustancias minúsculos implantes que fuerzan la luz a cambiar de dirección de una forma diferente a como lo haría habitualmente, canalizándola de una forma bien determinada, de modo que la luz bordee el objeto sin que se refleje en el cuerpo. Es algo parecido a lo que hace una roca en el curso de un río. La presencia de la roca rompe el flujo del agua, que la bordea. Si el metamaterial es capaz de eliminar todas las reflexiones que produce la luz, puede convertir un cuerpo en totalmente invisible.

Investigadores de varias universidades ya han construido con el uso de estos metamateriales objetos que se hacen invisibles cuando son iluminados con luz de microondas. Al iluminar un objeto recubierto de una sustancia formada por metamaterial, las microondas no se reflejan en el cuerpo, y éste se convierte en invisible a estas ondas. La clave para que la luz bordee el cuerpo y no se refleje en él se encuentra en que las minúsculas partículas insertadas en el metamaterial tengan unas dimensiones comparables con la longitud de onda con que se irradia el cuerpo. Así, en el caso de las microondas, las dimensiones de las sustancias insertadas es del orden de 3 cm, hito fácilmente asumible. Pero para que un cuerpo sea invisible a la luz visible las sustancias insertadas deben tener unas dimensiones del orden de las decenas del nanómetro. Así, para hacer un cuerpo invisible al color verde, por ejemplo, las sustancias insertadas deberían tener unas dimensiones del orden de los 50 nanómetros. Éste es uno de los problemas para hacer invisible un cuerpo a la luz visible. Pero el desarrollo de la nanotecnología y la técnica de dominio de la manipulación a escala atómica ha permitido avanzar en este sentido. Así, físicos alemanes y de los Estados Unidos consiguieron en el año 2007 crear el primer metamaterial que se hacía invisible a la luz roja. Es decir, al iluminarse en color rojo un objeto cubierto con este metamaterial, se convertía en invisible a la luz roja.

El siguiente paso que veremos pronto es la creación de un metamaterial que se haga invisible a todos los colores de la luz visible, de modo que un objeto recubierto con este metamaterial se convierta en totalmente invisible. La manta de la invisibilidad de Harry Potter parece ser que será posible en un futuro no muy lejano. Mantas o jerseys hechos de metamateriales, que desvíen la luz visible y nos conviertan en hombres y mujeres invisibles, son científicamente posibles. Ni el propio H. G. Wells, autor de la mítica novela *El hombre invisible*, se lo hubiera imaginado.

27 / 100

¿POR QUÉ HAY VIDA EN LA TIERRA?

La vida en forma microbiana parece ser que es bastante común en el Universo. Pero la vida compleja, animales y plantas, parece que es bastante más complicada de encontrar. La Tierra reúne unas condiciones únicas, fantásticas, que han permitido la existencia de vida, que se podrían exponer en forma de decálogo:

1. La presencia en el sistema solar de planetas grandes, como Júpiter y Saturno. Este factor es clave para desviar los cometas y asteroides que orbitan alrededor del Sol. El gran campo gravitatorio de Júpiter y Saturno atrae a estos cuerpos, alejándolos de nuestro planeta y evitando grandes colisiones, como la que hace 65 millones de años extinguió los dinosaurios. Se cree que sin la presencia de estos dos planetas gigantes los impactos de asteroides y cometas serían 1.000 veces superiores, y cada 10.000 años habría un gran impacto. Esto haría más difícil el desarrollo de una civilización inteligente.

2. La presencia de la Luna es clave para estabilizar el giro de la Tierra. Actúa de forma análoga a la hélice trasera de un helicóptero: sin ésta, el artefacto gira y es inestable. Pues sin la Luna el giro de la Tierra sería extremo, y la inclinación de su eje de rotación tendría una oscilación tan grande que generaría cambios climáticos extremos en poco tiempo, impidiendo el desarrollo de la vida en la Tierra.

3. La existencia de la Luna es la causante de que los océanos presenten mareas importantes. Las oscilaciones del nivel marino dejaban durante un cierto periodo de tiempo a especies fuera de este medio. Poco a poco algunas de estas especies fueron adaptándose a vivir fuera del mar y a dar el paso decisivo de abandonar el medio marino para conquistar tierra firme. Sin un satélite como la Luna, posiblemente las especies no hubieran tenido ningún motivo para

abandonar el medio marino y no se hubiera desarrollado la vida en tierra firme.

4. La existencia de un campo magnético intenso, que desvía el viento solar, partículas y radiación que destruirían la vida en la superficie terrestre.

5. Una velocidad de rotación adecuada, ni rápida ni lenta. Si la Tierra girara más rápido, las condiciones meteorológicas se convertirían en extremas y la vida sería difícil, mientras que si girara más lentamente la cara que da al Sol se convertiría en un infierno, mientras que la de oscuridad sería muy fría.

6. La distancia al centro de la Galaxia es también un factor clave. La Tierra se encuentra en un extremo de la Vía Láctea, donde las radiaciones que recibe del centro de la Galaxia no son intensas. Pero tampoco se encuentra tan lejos del centro como para que no haya elementos pesados para poder formar moléculas de ADN y proteínas.

7. Un tamaño de la Tierra adecuado, que no deja escapar gases como el oxígeno o el CO_2, imprescindibles para la respiración de animales y plantas. En planetas con una gravedad más débil, buena parte de los gases atmosféricos han escapado de la atmósfera.

8. Unas condiciones climáticas que permiten disponer de agua líquida, ya que es un disolvente universal que puede disolver multitud de sustancias químicas.

9. La existencia de una atmósfera formada por gases que absorben radiaciones mortales para la biosfera, como los rayos gamma, los rayos X y los ultravioleta tipo B.

10. La presencia de una atmósfera que actúa como una barrera a la caída de asteroides. El rozamiento de estos cuerpos con el aire los acaba fundiendo, impidiendo que la mayor parte de ellos lleguen a la superficie, donde causarían daños importantes.

28 / 100

¿PODRÍA EXISTIR VIDA INTELIGENTE FUERA DE LA TIERRA?

En el año 1600 el filósofo y monje dominicano Giordano Bruno fue colgado desnudo boca abajo por las calles de Roma y posteriormente quemado vivo en la hoguera por plantear una cuestión como ésta: ¿hay vida fuera de la Tierra? Él creía que podría haber muchos planetas parecidos a la Tierra, con criaturas como nosotros, o bien diferentes. Pero la Iglesia, en lugar de alegrarse ante la posibilidad de que hubiera esparcidos por el Universo fieles, papas, obispos y dioses fuera de la Tierra, consideró más oportuno humillar y quemar a Giordano Bruno por su idea... Por suerte, desde hace unos años, la revancha de Bruno es semanal: se descubren nuevos planetas extrasolares, y hasta la actualidad ya se conocen más de 300 planetas orbitando en estrellas lejanas. Pero ¿cuántos de éstos podrían albergar vida como la de la Tierra?

Parece ser que el desarrollo de vida compleja se puede dar con tres condiciones básicas: existencia de agua líquida, existencia de moléculas largas de carbono y, finalmente, existencia de moléculas autoreplicantes (ADN). Con estas tres condiciones, en 1961 el astrónomo Frank Drake formuló una ecuación que permitió obtener una estimación del número de planetas de nuestra galaxia que podrían albergar vida superior. La ecuación de Drake parte de la idea de 100.000 millones de estrellas en nuestra galaxia, y multiplica varios factores que incluyen el ritmo en que nacen estrellas en la galaxia, la fracción de éstas que tienen planetas, el número de planetas por cada estrella que presenta condiciones para la vida (las tres anteriores y las de la cuestión precedente), la fracción de planetas que realmente desarrolla vida, y los que realmente pueden desarrollar vida inteligente, la fracción de planetas que tiene vida dispuesta a comunicarse, y el tiempo de vida esperado de cada civilización. Con estas premisas, la ecuación de Drake da un resultado de entre 100 y 10.000 planetas en nuestra galaxia con condiciones para la vida inteligente.

La investigación científica actual de señales de vida inteligente fuera de la Tierra por el momento no ha dado ningún resultado positivo. Esta investigación se basa en la ecuación de Drake, y en el artículo que en 1959 elaboraron los físicos Cocconi y Morrison, que proponían y argumentaban que el rango de frecuencias más adecuado para captar comunicaciones extraterrestres era el comprendido entre 1 y 10 GHz, recomendando los 1,420 GHz. Desde que en 1971 la NASA inició el programa SETI de búsqueda de vida extraterrestre inteligente, los resultados no han sido exitosos. Actualmente, el hallazgo semanal de planetas extrasolares ha dado esperanzas al encuentro de vida inteligente, y la puesta en órbita de los satélites *Kepler*, *Corot* y *Terrestrial Planet Finder* ayudará a barrer las 120.000 estrellas en busca de planetas que puedan albergar vida inteligente extraterrestre…, si es que la hay.

Lo que está claro es que la posibilidad de encontrar planetas similares al nuestro es científicamente posible, y por tanto también lo es que alberguen vida inteligente. Y eso la comunidad científica lo tiene muy claro, como muestran los numerosos congresos que se hacen en todo el planeta para debatir sobre este tema. Finalmente la ciencia de Bruno tenía razón, y la Iglesia, nuevamente, se equivocó.

29 / 100

¿QUÉ SON LOS PLANETAS EXTRASOLARES?

Un planeta extrasolar (o exoplaneta) es un planeta en órbita alrededor de cualquier estrella que no sea el Sol, y que por tanto no forma parte del sistema solar, sino de otros sistemas planetarios distintos del nuestro. Aunque se pensaba que podían existir desde hacía décadas, no se empezaron a descubrir hasta el año 1995, gracias a la mejora en las técnicas de detección. El más cercano está a más de 10 años luz, más o menos a unos 95.000.000.000.000 de kilómetros, es decir, hay que viajar durante 10 años a la velocidad de la luz para llegar. Lo descubrió un equipo de astrónomos suizos, franceses y portugueses, orbitando alrededor de una estrella similar al Sol, la estrella 51 de la constelación de Pegasus. Este planeta se llama Belerofonte, pero es muy diferente al nuestro. Es unas 150 veces mayor que la Tierra, está tan cerca de su estrella que sólo tarda 4 días en darle una vuelta y la temperatura en su superficie es de unos 1.000 °C.

Actualmente se conocen más de 300 planetas extrasolares, y se prevé que este número aumente en un futuro cercano gracias a la mejora de la precisión de los instrumentos de observación sobre la Tierra y el envío de aparatos de detección al espacio con este objetivo. Uno de los descubiertos más recientemente, el 23 de abril de 2007, es un exoplaneta que parece que tiene unas condiciones similares a las de la Tierra, con una temperatura similar a la de nuestro planeta, y que por tanto podría contener agua líquida, lo básico para que haya vida tal como la entendemos nosotros. Se llama Gliese 581c, y orbita alrededor de la estrella enana roja Gliese 581, a casi 24,5 años luz. Es de los planetas descubiertos más pequeños, y según los cálculos parece que tiene una temperatura media de unos 20 °C en su superficie, y por tanto hay posibilidad de agua líquida, y, por consiguiente, de vida. Tiene unas 5 veces la masa de la Tierra y un radio un 50% mayor, lo que hace que su gravedad sea 2,5 veces superior. Si estuviera habitado por seres inteligentes, sería realmente difícil chatear con ellos: cada mensaje tardaría en llegar unos 24 años y medio... No tendría demasiado sentido preguntar "¿Cómo estáis?", ¿verdad?

30 / 100

¿EXISTEN REALMENTE LOS OVNIS?

Desde hace años, el día 11 de cada mes cientos de personas se encuentran de noche en un lugar de la montaña de Montserrat, cerca de Barcelona, para observar Objetos Voladores No Identificados, ovnis, y aseguran verlos, e incluso algunos afirman que se han comunicado con los alienígenas. La verdad es que en uno de estos encuentros mi buen amigo A. M. F. tuvo que salir corriendo al ser increpado cuando replicó que lo que decían que era un ovni no era más que un avión haciendo la típica maniobra de aterrizaje en el aeropuerto de El Prat... Pero, más allá de esta anécdota, la observación de ovnis ha sido un continuo a lo largo de la historia, sobre todo de los últimos sesenta años.

De las observaciones de ovnis, el 98% tienen una explicación lógica, basada en alguno de estos fenómenos:

— Confusión con el planeta Venus, que en determinada época del año se muestra muy luminoso en la puesta o la salida del Sol, y da la apariencia que nos sigue cuando viajamos en avión o en coche.

— Meteoritos. Las rocas extraterrestres entran en la atmósfera de forma violenta, calentándose y desprendiendo mucha luminosidad.

— Tormentas eléctricas y fenómenos ópticos de la atmósfera (y nubes como los *altocumulus lenticularis*, que pueden permanecer horas y horas estáticos y tienen forma de plato).

— Acumulación de gases, sobre todo en épocas de inversión de temperatura, en las que pueden quedar estratificados y flotando en el aire gases que pueden ser incandescentes.

— Auroras boreales o australes.
— Globos y sondas meteorológicas.
— Ecos de radar.
— Engaños deliberados.

Pero ¿qué pasa con el 2% restante? Pues que no tienen explicación clara... Pero eso no quiere decir que sean hombrecitos y mujercitas de fuera de la Tierra. Hay quien cree que pueden ser artefactos terrestres secretos (del ejército) que nunca ningún país reconoce como propios.

Buena parte de los científicos no cree que ese 2% sea de origen extraterrestre, y más atendiendo a las explicaciones que recogen los testimonios que los han visto. Los científicos alegan que lo que describen las personas que han visto ovnis es imposible según las leyes de la física. Las características más comunes en las observaciones de los ovnis son los giros bruscos y constantes, en forma de S, en al aire, el bloqueo del sistema de encendido de coches, las interferencias con los sistemas eléctricos y su movimiento silencioso. ¿Pueden explicarse estas observaciones con la física de hoy en día?

El movimiento en forma de S es difícil de explicar, pues no verifica la tercera ley de Newton, según la cual toda acción tiene una reacción, es decir, que para girar rápidamente debe existir una fuerza contraria al giro. Y las naves no parece que tengan toberas para poder dar este impulso y verificar así la tercera ley de Newton. Además, las eses que describen los testigos implicarían que dentro de la nave hubiera fuerzas superiores a 100 veces la fuerza de la gravedad, aplastando a los tripulantes. Por otra parte, el hecho de que generen interferencias debe ser debido a la existencia de un potente campo magnético. Pero un imán siempre tiene dos polos, y nunca un solo polo. O al menos eso es lo que sabemos hoy en día. Cuando rompemos un imán en dos mitades, siempre aparece un polo norte y un polo sur en cada mitad. No podemos aislar un monopolo magnético. Por lo tanto, para poder interferir electrónicamente sería necesario que estas naves generaran un potente campo magnético y que actuaran como un monopolo. Hoy en día todavía no se ha encontrado ningún monopolo magnético en la naturaleza.

Pero por otro lado hay científicos que sí creen que algunas de las observaciones de ovnis corresponden a naves extraterrestres. Según alegan estos científicos, una civilización avanzada podría construir naves espaciales de antimateria o tener la tecnología para controlar los agujeros de gusano del tejido del Universo y, por tanto, viajar largas distancias. En este sentido sí sería posible la visita de una civilización extraterrestre. Pero, si lo hicieran, no necesariamente sería con grandes naves. Muy probablemente una civilización avanzada dominaría la nanotecnología y podría enviar naves espaciales pequeñas, no tripuladas. Y tampoco tendría mucho sentido que, una vez llegados a la Tierra, se escondieran de nosotros..., ¿o quizás sí?

Jordi Mazón Bueso

31 / 100

¿SE PUEDEN HACER VIAJES INTERGALÁCTICOS?

Llegará un día en que los mares y los océanos de la Tierra, literalmente, hervirán, las rocas y las montañas se derretirán, el cielo se convertirá en una bola de fuego y todo lo que habrá en la superficie del planeta quedará calcinado, desaparecerá. Donde ahora hay ciudades no quedará nada de nada... No se trata de ninguna profecía de Nostradamus, ni de ningún versículo religioso, y mucho menos de un mensaje de alguna secta... Es lo que sucederá en un futuro, y lo más grave es que no podremos hacer nada para evitarlo, excepto marcharnos muy lejos, más allá del sistema solar y de la galaxia, antes de que esto ocurra. No tenemos que preocuparnos de momento..., no creo que esta noticia tenga ningún impacto en la cotización de los mercados bursátiles... <u>Esto no nos sucederá hasta dentro de unos 4.500 millones de años</u>, cuando el Sol <u>se convierta en una gigante roja, con unas dimensiones que llegarán hasta la órbita de la Tierra</u>. Lo que está claro es que los humanos deberíamos abandonar nuestro sistema solar para sobrevivir y dirigirnos hacia estrellas cercanas, si antes no nos hemos exterminado entre nosotros o ningún meteorito ha impactado contra la Tierra y ha extinguido la vida humana. Pero, ¿cómo lo haremos? La estrella más cercana es Alfa Centauri, y se encuentra a más de 4 años luz de la Tierra. Los cohetes de las naves actuales llegan a unas velocidades del orden de 70.000 km/h, lo que significa que tardaríamos 70.000 años en llegar a esta vecina estrella. Con la tecnología actual es imposible poder realizar estos viajes interestelares, y mucho menos intergalácticos.

Una de las primeras ideas en el diseño de naves que pudieran alcanzar velocidades elevadas para hacer los largos viajes interestelares más cortos la propuso el astrónomo Johannes Kepler en el año 1611. Proponía idear veleros para navegar por el espacio. Sí, veleros. La idea no es nada absurda, y en el año 2004 un cohete japonés intentó desplegar dos pequeños veleros en el espacio. La luz solar que impactara con la vela generaría a la nave-velero un impulso constante, de forma que con el paso del tiempo la velocidad que alcanzaría el velero sería muy elevada, al no existir ninguna fuerza de rozamiento. La única dificultad para este prototipo de nave es técnica: no es nada factible diseñar una nave que desarrolle una vela de cientos de kilómetros cuadrados para impulsarse.

Los físicos trabajan con prototipos de motores mucho más potentes y asequibles. Uno de ellos es el llamado *estatorreactor de fusión*, ideado en 1960 por el físico estadounidense Robert Bussard (y popularizado más tarde por Carl Sagan en su mítica serie *Cosmos*). Estos motores funcionan con hidrógeno, y en ellos tendrían lugar reacciones de fusión, de forma que durante 1 año podrían mantener una aceleración de 1 g, es decir, 9,8 m/s^2 durante un año. Así, el motor suministra una potencia que hace que la nave gane una velocidad de 9,8 m/s cada segundo durante un año o, lo que es lo mismo, en un año de aceleración la nave alcanzaría el 77% de la velocidad de la luz. Los efectos de la relatividad se harían más que notorios, y en 11 años, según los relojes de la nave, llegaría al grupo de estrellas de las Pléyades, situado a 400 años luz de la Tierra, y en 23 años, según los relojes de la nave, a la galaxia de Andrómeda, que está a 2 millones de años luz de nosotros. La única dificultad técnica actualmente para este tipo de propulsión es la manera de cargar el combustible, el hidrógeno. Conocida la densidad media de hidrógeno en el Universo y la cantidad de hidrógeno necesaria para fusionar para alcanzar aceleraciones de 1 g, habría una especie de pala recolectora de hidrógeno que tendría unas dimensiones superiores a los 150 kilómetros. La construcción en el espacio de una nave de estas dimensiones es un problema que hoy en día no está resuelto.

<u>Lo más importante es que hoy en día sabemos que nos quedan millones de años de vida en la Tierra, y que existen muchas formas, de momento teóricas, de viajar a las estrellas</u>. Una de éstas sería a través de los llamados *agujeros de gusano*, o con motores de antimateria.

32 / 100

¿EXISTE REALMENTE LA ANTIMATERIA?

La novela de Dan Brown *Ángeles y demonios* inicialmente, y posteriormente su versión cinematográfica, mostraron al gran público el concepto de *antimateria* y su gran capacidad de generar energía si se une con la materia, cuando una pequeña secta extremista, los Illuminati, quisieron poner una bomba de antimateria robada del CERN en el Vaticano... La bomba de antimateria no existe, es pura ficción, pero no la antimateria, que es bien real y presenta unas aplicaciones muy interesantes.

A mediados de los años treinta los físicos teóricos quedaron sorprendidos cuando se dieron cuenta de que para cada partícula existe una partícula idéntica gemela, la antipartícula, pero con carga opuesta. La primera antipartícula que se detectó fue el positrón, que no es más que un electrón que, en lugar de tener carga eléctrica negativa, la tiene positiva. Años más tarde, en 1955, el acelerador de partículas de California generó el primer positrón, y a partir de entonces los diferentes aceleradores de partículas del mundo han generado partículas de antimateria. En 1995, el CERN generó 9 átomos de antihidrógeno, y más tarde el Fermilab de Chicago un centenar.

El origen de la antimateria, sin embargo, se remonta al año 1928, en el trabajo de uno de los grandes físicos de la historia, Paul Dirac. Con un gran dominio y comprensión de las matemáticas, Dirac se dio cuenta de que las ecuaciones que describían la dinámica del mundo atómico y subatómico, la mecánica cuántica (la ecuación de Schrödinger), contenían un defecto, un pequeño error. Para elevadas velocidades de las partículas atómicas, la ecuación fallaba, y Dirac modificó y rehízo de forma radical la ecuación de Schrödinger para que tuviera en cuenta las elevadas velocidades de las partículas subatómicas. Encontró que la famosa ecuación de Einstein $E = mc^2$

no era correcta del todo, sino que en realidad la ecuación correcta es $E = \pm mc^2$. A los físicos les horroriza ver una energía negativa, por lo que Dirac lo asimiló a la existencia de unas antipartículas, la antimateria. Unos años más tarde, en 1933, Carl Andenson descubrió el antielectrón, llamado *positrón*, confirmando lo que Dirac había predicho en sus ecuaciones (razón por la cual Dirac recibió el premio Nobel en 1933).

Parece ser que nuestro Universo está formado básicamente por materia, y que la concentración de antimateria es muy pequeña, por suerte, porque cualquier contacto entre materia y antimateria es muy explosivo. Se cree que la energía almacenada en la antimateria es 1.000 millones de veces la concentrada en el combustible de los cohetes actuales. Con tan sólo 4 miligramos de positrones podríamos llevar un cohete a Marte en un par de semanas. Con tan sólo 30 miligramos podríamos llegar a Plutón, y con 17 gramos podríamos llegar en pocas semanas a Alfa Centauri, situada a 4 años luz de la Tierra. Es por esta razón que la antimateria se está convirtiendo, si no lo es ya, en la sustancia más preciada en la Tierra, como lo muestra su coste: un gramo de antimateria costaría alrededor de ¡60 billones de euros! Pero seguro que en un futuro no muy lejano, con la mejora de los aceleradores de partículas, el coste de la antimateria disminuirá, la construcción de naves impulsadas por antimateria será posible y se iniciarán los viajes interestelares, tal como hace la nave *Enterprise* de *Star Trek*. Se cree que habría unos 80 gramos de antimateria en el espacio comprendido entre las órbitas de Venus y Marte. Búsquedas recientes, sin embargo, han detectado bolsas de antimateria en el centro de nuestra galaxia, que por razones desconocidas no habrían sido destruidas después del Big Bang.

Jordi Mazón Bueso

33 / 100

¿POR QUÉ HAY MÁS MATERIA QUE ANTIMATERIA?

El origen de la materia y la antimateria se encuentra en los primeros instantes de nuestro Universo, hace aproximadamente 13.700 millones de años, cuando éste era una sopa de energía y partículas a una temperatura superior a los 10^{16} K (10.000.000.000.000.000 K). A estas inimaginables temperaturas la energía se transformaba continuamente en partículas de materia y antimateria, que cuando chocaban entre sí se aniquilaban y se transformaban de nuevo en energía. El equilibrio entre materia y antimateria era perfecto, pero después de la Gran Explosión el Universo inició su expansión y su rápido enfriamiento, rompiéndose el equilibrio entre materia y antimateria: apareció una asimetría entre éstas, de forma que 0,00000000001 segundos después de la Gran Explosión (una centésima de milmillonésima de segundo), cuando la temperatura bajó 10.000 K y se situó en los 10^{12} K, la cantidad de materia superaba la de antimateria en el Universo en una partícula por cada mil millones. Esta pequeña asimetría es la que hizo que hoy en día haya más materia que antimateria. En aquel instante el Universo estaba formado por partículas de materia y de antimateria (*quarks* y *antiquarks*), partículas que transportaban fuerza (bosones) y portadores de energía (fotones), formando una especie de plasma opaco. Transcurrido 0,0001 segundos después de la explosión, parte de este plasma se condensó y se formaron los protones y los neutrones, mientras que la materia y la antimateria se seguían aniquilando cuando se encontraban, liberando energía pero que ahora, debido a la bajada de temperatura, ya no podía formar más partículas. Así pues, por cada protón que subsistió en el Universo quedaron más de mil millones de fotones (energía). Un minuto después, la temperatura del Universo era de 10^9 K, una temperatura suficientemente fría para que los protones y los neutrones se asociaran y se formaran los primeros núcleos atómicos. Tuvieron que pasar unos 380.000 años para que la temperatura del Universo llegara a unos 1.000 K, los núcleos atómicos pudieran capturar electrones y se formaran los primeros átomos. El Universo dejó de ser opaco y se volvió transparente. Hoy en día, casi 14.000 millones de años después del Big Bang, la temperatura del Universo es de tan sólo 2,7 K, y según las observaciones astronómicas está formado por materia. La búsqueda de cuerpos celestes formados de antimateria no ha dado de momento resultados positivos.

Para que la materia predomine por encima de la antimateria en el Universo debe existir una diferencia medible entre materia y antimateria. Si la simetría entre ambas se hubiera mantenido, sería imposible discernir entre materia y antimateria, serían una la imagen especular perfecta de la otra, y al entrar las dos en contacto se aniquilarían entre si liberando energía. Así pues, la imagen especular no es perfecta, y esta asimetría es la que se ha detectado al hacer colisionar partículas en los grandes aceleradores de partículas. De cada 1.000 colisiones, 999 generan partículas y antipartículas con una simetría perfecta, y 1 con una asimetría medible. En estas máquinas se está desarrollando una nueva física, que ayudará a los físicos a entender los secretos más íntimos de la materia.

34 / 100

SI LA MASA SE PUEDE CONVERTIR EN ENERGÍA, ¿LA ENERGÍA SE PUEDE TRANSFORMAR EN MASA?

Según la teoría especial de la relatividad de Einstein, la masa no es más que una forma de energía. Masa y energía son lo mismo pero en diferente estado, relacionado con la popular y conocida ecuación $E = mc^2$ (donde c es la velocidad de la luz en el vacío, 300.000 km/s). De esta forma, 1 gramo de masa equivale a 9×10^{13} joules de energía, lo que es muchísimo (90.000.000.000.000 J). Para poder comparar, esta energía contenida en 1 gramo de masa equivale a 21.500 millones de kilocalorías. Una persona puede vivir perfectamente sana y nutrida ingiriendo diariamente alimentos que contengan un total de 2.500 kilocalorías. Es decir, que con la energía contenida en un gramo de masa podríamos vivir un poco más de 23.560 años, si fuéramos inmortales y pudiéramos obtener íntegramente la energía de un gramo de masa, claro... O, dicho en otros términos energéticos, 1 gramo de masa equivale a la energía liberada por 2.250 toneladas de petróleo, es decir, unos 2.650 millones de litros, lo que equivale a aproximadamente unos 16 millones de barriles de petróleo.

Si la masa se puede transformar en energía, la energía también se puede transformar en masa. De hecho, se cree que éste es el origen de la materia en el Universo. En los primeros instantes del Universo, después del Big Bang, parte de la energía se fijó en masa. A mí me gusta imaginar este proceso, salvando las diferencias, como el proceso de fijación del gas dióxido de carbono de la atmósfera en carbono sólido. Efectivamente, la madera de los árboles, los tejidos de las hojas de los vegetales, las cáscaras de algunos moluscos están formados por carbono obtenido a partir de este gas atmosférico y transformado en carbono.

En los grandes aceleradores de partículas del planeta se ha comprobado este hecho y se ha obtenido materia a partir de energía. Parece ser que la transformación de energía en masa conlleva la formación de partículas (masa) y antipartículas (antimasa), que cuando entran en contacto rápidamente se aniquilan. A partir de un rayo de energía muy intenso, como los rayos gamma, se ha observado la transformación en un electrón y su antipartícula, el positrón, que rápidamente se aniquila y se transforman nuevamente en energía. Esto representa un serio problema para la obtención de masa a partir de energía. Pero no es el único. El otro gran problema para la conversión de energía en masa es la cantidad tan enorme de energía que se necesita para conseguir un solo gramo de masa. Hoy en día no existe la manera de conseguir tanta cantidad de energía para soltarla de golpe y conseguir un gramo de masa. Así pues, a nivel teórico está claro el proceso, pero a nivel técnico es del todo imposible hoy en día.

Jordi Mazón Bueso

35 / 100

¿SE PUEDE VIAJAR A LA VELOCIDAD DE LA LUZ? ¿Y MÁS DEPRISA?

Desde que en 1905 Albert Einstein enunció la ley de la relatividad especial, esta cuestión ha tenido una gran influencia en los escritores de ciencia ficción. En *La guerra de las galaxias,* por ejemplo, el *Halcón Milenario* viajaba por la galaxia alcanzando la velocidad de la luz, se observaban las estrellas como unas trazas continuamente blancas y lograba de repente el hiperespacio. Pero, ¿es ciencia-ficción o bien tiene base física poder viajar a la velocidad de la luz, e incluso superarla?

Cuando Einstein era adolescente se planteó qué pasaría si alguien viajara a la velocidad de la luz y pudiera coger un rayo de luz. Einstein conocía bien los dos pilares de la física, la teoría de Newton y la electromagnética de Maxwell. Según las leyes de Newton, uno siempre puede alcanzar un rayo de luz, sólo hay que viajar a la velocidad de la luz e ir al lado del chorro de luz. No hay nada que lo impida. En estas circunstancias, el rayo de luz parecería estacionario, quieto respecto al observador. Irían paralelos, uno al lado del otro. Pero nunca nadie ha visto un rayo de luz congelado, y la teoría de Newton no daba respuesta a esta hipótesis. Estudiando y analizando las leyes del electromagnetismo de Maxwell, Einstein se dio cuenta de que la velocidad de la luz es constante, es decir, que se mueve siempre a la misma velocidad independientemente de lo rápido que un observador se mueva respecto a un rayo de luz. Así, tanto si uno corre detrás o al encuentro de un rayo de luz, éste siempre se mueve a la misma velocidad, 300.000 km/s en el vacío (y en el aire). Por tanto, según Einstein, nadie puede correr a la par con un rayo de luz para que éste siempre se acerque o se aleje de nosotros a la misma velocidad, por mucho que corramos nosotros. Esta afirmación, que rompe el sentido común, es la base de la teoría de la relatividad especial.

Si la luz viaja siempre a esa velocidad, esto quiere decir que el espacio y el tiempo deben adaptarse para que así sea. Según la mecánica clásica de Newton, el paso del tiempo lo hace por igual en todas partes. Un lapso de un segundo en la Tierra es el mismo en Júpiter, o en una nave espacial que se desplace a velocidades cercanas a la de la luz en el vacío. Y las distancias también son las mismas. Un metro de longitud es el mismo en la Tierra, en Júpiter y en la nave espacial que se mueve rápidamente. Pero si la velocidad de la luz es uniforme, por muy rápido que uno se mueva respecto a ella, es necesario introducir un cambio muy importante en la forma de entender el mundo, el Universo: el espacio y el tiempo se distorsionan, cambian, para mantener esta constancia en la velocidad de la luz. Una longitud de un metro en la Tierra no es la misma distancia en Júpiter o en una nave espacial. Y un segundo en la Tierra tampoco es el mismo lapso de tiempo en Júpiter o en la veloz nave espacial.

Según la teoría de la relatividad especial, si una persona estuviera en una nave viajando a una velocidad cercana a la de la luz, el tiempo pasaría más lentamente y las distancias se comprimirían. Visto desde la Tierra, los relojes del interior de la nave irían más lentamente, el movimiento de las personas sería más pausado y las dimensiones se comprimirían. En el límite de ir a la velocidad de la luz, la compresión de la nave sería tan grande que toda la masa se concentraría en un punto, y la masa se haría por tanto infinita. Para mantener la nave a esa velocidad, sería necesaria una energía infinita (cuanta más masa, más energía se requiere para acelerar un cuerpo), y por esta razón Einstein afirmó que no hay nada que pueda viajar a la velocidad de la luz excepto los cuerpos que no tienen masa, que por no tener pueden viajar a esa velocidad. Por lo tanto, nada puede superar este límite que es la velocidad de la luz en el vacío.

Pero actualmente los físicos han encontrado dos formas de poder superar la velocidad de la luz: estirando y rompiendo el espaciotiempo.

36 / 100

¿QUÉ SON LOS LLAMADOS *AGUJEROS DE GUSANO*?

Durante décadas los físicos teóricos han trabajado para encontrar maneras de superar la velocidad de la luz y escapar de la restricción que impone la teoría especial de la relatividad. El argumento más sólido se basa en la teoría general de la relatividad del propio Einstein, publicada en el año 1915. Según la teoría especial de 1905, los cuerpos se contraen cuanto más deprisa se mueven y se acercan a la velocidad de la luz. Si imaginamos un disco giratorio, los puntos de la periferia se mueven más deprisa que los que están cerca del eje de giro, que prácticamente no se mueven. Así, por ejemplo, un punto situado en el extremo de una regla de un metro que gire alrededor de un eje vertical que pase por el otro extremo tiene mayor velocidad que un punto cercano al eje de giro y, por tanto, la compresión del punto situado en la periferia es mucho mayor respecto al situado cerca del eje de giro, que prácticamente no se comprimirá. Entre los dos puntos la dimensión longitud se curvará, y el paso del tiempo será diferente. El espacio y el tiempo, pues, se deforman.

Según la teoría de la relatividad especial, el espacio-tiempo (para entendernos, el espacio —las tres dimensiones— y el tiempo que conforman una única estructura inseparable, un tejido espacial) se curva, se deforma, se estira o se contrae, pues desde la explosión del Big Bang el Universo se expande a diferentes velocidades en función del lugar, por lo que pasaría como en el caso del ejemplo del disco giratorio: hay regiones que se mueven a una velocidad superior, deformando el tejido del espacio-tiempo. Esta deformación del espacio-tiempo permite la formación de agujeros en este tejido del espacio-tiempo y la posibilidad de viajar a través de ellos para hacer más cortos los desplazamientos por el espacio-tiempo.

Este concepto lo introdujo el propio Einstein en 1916, y los llamó *agujeros de gusano*. Estos agujeros ponen en contacto dos regiones del Universo muy alejadas, por lo que viajando a través de ellos quizás se podría recorrer una distancia determinada entre dos puntos del Universo antes de que la luz lo hiciera. Es como si, al doblar una hoja de papel, la distancia más corta entre dos puntos no fuera la línea recta, sino la distancia vertical que habría si rompiéramos la hoja y viajáramos por el aire. Estos viajes a través de los agujeros de gusano son, sin embargo, especulaciones teóricas de los astrofísicos, pues la física en el interior de estas estructuras es de momento desconocida.

37 / 100

¿QUÉ SON LOS AGUJEROS NEGROS?

Si lanzamos al aire una pelota de tenis, sube hasta una cierta altura y vuelve a caer, debido a la fuerza gravitatoria de nuestro planeta. Si la lanzamos con más fuerza, subirá más arriba, pero la gravedad terrestre la frenará, hasta que acabará nuevamente cayendo. <u>Si la lanzamos con mucha energía (a una velocidad mínima de 11,2 kilómetros por segundo), la pelota escapará de la atracción terrestre y ya no volverá a la superficie terrestre.</u>

Un agujero negro es un cuerpo celeste relativamente pequeño (muy masivo debido a una extraordinaria concentración de masa, con una densidad elevadísima —si pudiéramos rascar con una cucharilla de café un agujero negro, ¡habría la masa de toda la cordillera de los Alpes!—), de forma que nada puede escapar de su atracción gravitatoria, ni siquiera un rayo de luz. Sería necesaria una velocidad infinita (lo cual es imposible) para que un cuerpo, como una pelota de tenis, pudiera escapar del campo gravitatorio de estos cuerpos celestes llamados *agujeros negros*. La atracción gravitatoria es tan intensa que ni siquiera la luz puede escapar. Un rayo de luz emitido por estos cuerpos es doblado y devuelto a la superficie del cuerpo negro, de forma análoga a como lo hace la pelota de tenis al ser lanzada al aire en la Tierra. De modo que, si ni siquiera la luz (que es el objeto que tiene la máxima velocidad del Universo) puede escapar del agujero negro, nada puede escapar, y desde fuera lo que observamos es una región del espacio totalmente negra, al que va "cayendo" materia (gases, polvo cósmico, planetas, galaxias…). El campo gravitatorio alrededor de un agujero negro es tan grande que el tejido del espacio-tiempo se curva, de modo que el agujero negro genera a su alrededor una influencia que se llama *horizonte de sucesos*. Según se cree, en el centro de algunas galaxias hay un agujero negro alrededor del cual gira toda la galaxia. En el caso de la Vía Láctea, nuestra galaxia, es así.

Pero, ¿cómo se forman los agujeros negros? Pues resultan ser cadáveres de estrellas muy masivas, de entre 25 y 30 veces la masa de nuestro Sol, las cuales al terminar su combustible en diferentes etapas se convierten en estrellas de pocos kilómetros de diámetro con toda su masa concentrada en aproximadamente una decena de kilómetros de diámetro. Las estrellas inferiores a unas 9 veces la masa de nuestro Sol se acaban convirtiendo en enanas blancas y nebulosas planetarias, y las comprendidas entre unas 9 y unas 25 veces la masa del Sol se acaban convirtiendo en estrellas de neutrones.

38 / 100

¿SE PUEDE VIAJAR EN EL TIEMPO?

<u>Desde un punto de vista científico, los viajes en el tiempo son imposibles</u>, teniendo en cuenta las leyes de Newton, en las que el tiempo es considerado como una variable inmutable. Un segundo en la Tierra es el mismo periodo en cualquier lugar del Universo. Pero la teoría de la relatividad de Einstein demostró que el tiempo no es así, sino que se modifica según el sistema de referencia que se utilice. El tiempo varía cuando nos movemos por el Universo. Dentro de una nave espacial desplazándose a gran velocidad, el tiempo se ralentiza, se frena, por lo que los viajes al futuro son posibles, verificados experimentalmente miles y miles de veces. Si una persona pudiera viajar con una nave a una velocidad cercana a la de la luz durante, pongamos, tan sólo un minuto, el tiempo transcurrido en la Tierra sería de años, y por tanto el astronauta habría viajado al futuro. Cuando la velocidad es más modesta, como los 30.000 km/h de un cohete espacial alrededor de la Tierra, los astronautas viajan fracciones de segundo al futuro. En este sentido, el viajero que ha ido al futuro más lejano es el astronauta ruso Sergei Avdeyev, que durante los 748 días que estuvo orbitando la Tierra a velocidades de decenas de miles de kilómetros viajó 0,02 segundos hacia el futuro... Un viaje modesto hacia el futuro, pero todo es empezar.

Pero, ¿qué pasa con los viajes al pasado? ¿Son posibles? Las contradicciones en estos viajes son grandes. Si uno pudiera viajar al pasado y matar a su madre, por poner un ejemplo radical, no tendría sentido que él estuviera vivo. Pero las teorías de universos paralelos solventan, parcialmente, estas paradojas. El debate sobre esta posibilidad ha mantenido a los físicos teóricos bien activos, con detractores y devotos. Stephen Hawking es una de las personas que más ha investigado sobre este tema. Inicialmente no veía claro los viajes al pasado, pero los últimos años se ha posicionado en que los viajes al pasado "quizás son posibles, pero no son prácticos". Lo cierto, sin embargo, es que las ecuaciones de la teoría de la relatividad de Einstein conectan puntos distantes en el espacio y el tiempo mediante los agujeros de gusano. Matemáticamente, al entrar en un agujero de gusano uno podría viajar al pasado, y es concebible volver al punto de partida y encontrarse con uno mismo antes de entrar en el agujero de gusano. Pero lo que no está claro es que una vez dentro del agujero de gusano uno pueda salir y pueda contarlo. Seguramente no, y la mayor prueba de ello es que no nos han visitado, de momento, turistas del futuro (al menos fiables..., siempre hay gente que dice que viene del futuro, o de más allá de Ganímedes...). <u>Viajar al pasado, pues, es matemáticamente posible a partir de la solución de las ecuaciones de la teoría de la relatividad de Einstein.</u> Habría, sin embargo, que diseñar algún tipo de máquina del tiempo, como un "agujero de gusano practicable", que permitiera la entrada y la salida sin problemas de humanos, viajeros en el tiempo.

39 / 100

¿ES MUY GRANDE EL ÁTOMO? ¿CUÁNTAS MOLÉCULAS DE AGUA CABEN EN UN LITRO?

Hace más de 2.500 años, en la Antigua Grecia surgió la idea del átomo como la parte más pequeña e indivisible de la materia. De hecho, la palabra *átomo* significa 'indivisible' en griego. Hoy en día, sin embargo, sabemos que no es la parte más pequeña de la materia y que es divisible, y sabemos las dimensiones medias de un átomo. Como las personas, los átomos tienen unas dimensiones variables. Los hay grandes y pequeños, pero de promedio el átomo mide de punta a punta aproximadamente 1 Å (un *angstrom*). Esta unidad es equivalente a 10^{-10} metros, es decir, 0,000000001 metros. Buena parte de esta medida es la envoltura de electrones que orbitan alrededor del núcleo, en unas órbitas imprecisas. El núcleo, donde se encuentran los protones y los neutrones, tiene un diámetro medio de 0,0001 Å, es decir, 0,00000000000001 metros. Cabe destacar, pues, que el núcleo es unas 10.000 veces más pequeño que el átomo.

Para ver más clara la relación entre el núcleo y el átomo, es interesante imaginar qué pasaría si ampliáramos el tamaño de un átomo. Si imaginamos que el núcleo atómico mide un metro de diámetro, el átomo tendría un diámetro (suponiendo que fuera con simetría esférica, lo que no es exactamente así) de 10.000 metros, es decir, 10 kilómetros. Si imaginamos una pelota de un metro de diámetro en medio de la plaza de Catalunya de Barcelona, los electrones se situarían en torno a esta esfera, llegando hasta más allá de la plaza Cerdà, el río Besòs, los pies de Collserola y mar adentro.

Para tener una referencia de lo pequeños que son los átomos y la unión de éstos (las moléculas), en un litro de agua (dos átomos de hidrógeno y uno de oxígeno) hay aproximadamente $3,3461 \times 10^{25}$ moléculas de agua, es decir, 33.461.000.000.000.000.000.000.000

moléculas de agua, cifra que me permito la libertad de llamar un *tagaitagà* (bien, lector, no pongas esa cara. El matemático Edward Kasner llamó *googol* al número 10 elevado a 100, es decir, un 1 seguido de 100 ceros. Le puso este nombre porque fue la primera palabra del hijo del matemático. *Tagaitagà* fue de las primeras palabras sin sentido del mío, Nil). Así pues, en un litro de agua hay un *tagaitagà* de moléculas.

Jordi Mazón Bueso

40 / 100

¿EXISTE ALGUNA PARTÍCULA MÁS PEQUEÑA QUE EL ELECTRÓN? ¿QUÉ HAY DENTRO DEL NÚCLEO ATÓMICO?

Los límites siempre han llevado de cabeza a los científicos y a las personas curiosas. Y sobre todo los límites de lo pequeño y de lo grande. La teoría atómica de Rutherford de comienzos del siglo XX dividía el átomo en el núcleo, formado por protones y neutrones, y una nube de electrones alrededor de éste. Pero a partir de los años treinta, con el avance de los equipos de detección y la electrónica, comenzaron a detectarse partículas nuevas provenientes del espacio, los llamados *muones de alta radiación* y los *neutrinos*, lo que abrió la sospecha de que había partículas más fundamentales que los protones, neutrones y electrones. La construcción de los primeros aceleradores de partículas, donde se hacían colisionar átomos para romperlos y analizar qué salía, confirmó lo que ya sospechaban los físicos: hay un auténtico zoológico de partículas subatómicas, más pequeñas que el protón, el neutrón y el electrón, que fueron llamadas *quarks*. Los *quarks* (partículas subatómicas sensibles a las cuatro fuerzas del Universo) y los leptones (otro grupo de partículas diferentes, que no son sensibles a la fuerza fuerte) son los constituyentes básicos de la materia y las partículas más pequeñas detectadas por el ser humano. Existen actualmente seis *quarks*, que se han llamado *up*, *down*, *charm*, *strange*, *top* y *bottom*, que se combinan para formar protones y neutrones (el electrón es una partícula fundamental, no compuesta por ninguna otra). Así, el protón está formado por dos *quarks* up y un down, y el neutrón por dos down y un up. Cada *quark* tiene unas características propias y diferentes del resto de carga eléctrica, masa y otras propiedades nuevas que los físicos han llamado *sabor* e *isospín*, y que configuran las propiedades de las partículas que acaban formando. En la naturaleza los *quarks* nunca se encuentran aislados, sino en grupos de dos o tres que se llaman *hadrones*, los cuales se dividen en dos grandes subgrupos llamados *mesones* y *bariones*.

La física de partículas está avanzando año tras año, con el descubrimiento de nuevas partículas, entre ellas la más buscada, la llamada *partícula de Dios* o *bosón de Higgs*, descubierta a mediados de 2012 en los experimentos que se hacen en el gran acelerador de partículas LHC (Large Hadron Collider), inaugurado en 2008 en el CERN de Ginebra.

41 / 100

¿QUÉ ES UN ACELERADOR DE PARTÍCULAS?

Con el nombre de *acelerador de partículas* se engloba una serie de dispositivos cuya función es acelerar cualquier tipo de partícula subatómica con carga eléctrica, es decir, básicamente electrones, protones y diferentes tipos de iones. Dependiendo de cuál sea su función última, estos dispositivos pueden tener varios grados de complejidad y engloban desde los tubos de rayos catódicos de los antiguos (o no tan antiguos) televisores hasta las grandes instalaciones de investigación básica como es el famoso CERN de Ginebra.

La función fundamental de los aceleradores de partículas es conseguir dotar de velocidad a una partícula cargada eléctricamente que inicialmente se encontraba en reposo, y por tanto lo que hacen es acelerarla. Para conseguirlo es necesario introducir la partícula en reposo en el interior de un campo eléctrico de forma que las partículas sufran la acción de la fuerza eléctrica y las acelere. De este modo, según el valor del campo eléctrico (o equivalentemente de la diferencia de potencial) se pueden conseguir aceleraciones más o menos elevadas. En concreto, la aceleración es directamente proporcional al valor del campo eléctrico, siendo la constante de proporcionalidad el cociente entre la carga y la masa de la partícula que se quiere acelerar.

En el caso simplificado de un tubo de rayos catódicos, el acelerador consiste en varios elementos que se distribuyen en un tubo donde se hará el vacío. El primer elemento es un material especial cuyos átomos se ionizan al ser calentados, es decir, liberan electrones (efecto termoiónico). A continuación tenemos un dispositivo que genera un campo eléctrico, como podría ser un condensador con sus placas perpendiculares a la dirección en la que queremos acelerar los electrones. De esta manera, el campo eléctrico ejerce una fuerza sobre los electrones y éstos se aceleran hasta una cierta velocidad. Una vez ya tenemos las partículas moviéndose a la velocidad que queremos, sólo necesitamos desviarlas para que impacten en lugares concretos, y esto se consigue gracias a la acción combinada de campos magnéticos y campos eléctricos que van variando con el tiempo de forma que permiten que los electrones impacten en todos y cada uno de los puntos de nuestra pantalla.

En el caso del acelerador de partículas del CERN, el principio básico es exactamente el mismo, pero ahora el objetivo no es hacer impactar electrones contra una pantalla, sino hacer chocar las partículas (no necesariamente electrones) entre ellas. Del choque de las partículas se generan otras partículas subatómicas y radiación electromagnética, que al ser estudiadas permiten obtener información sobre cuáles son los constituyentes básicos de la materia (es decir, entender de qué estamos formados) y cómo son las interacciones entre estos constituyentes (es decir, cómo funcionan las fuerzas electromagnética o gravitatoria, entre otras). Porque con el choque de dos partículas se puedan generar partículas más básicas, se necesita que éstas choquen a velocidades muy altas, cercanas a la velocidad de la luz, y por eso un simple campo eléctrico no es suficiente. Para lograr esto se parte de un campo eléctrico, análogo al del tubo de rayos catódicos pero mucho más intenso, de forma que se consigue dar una primera aceleración a las partículas. Esta parte es la que se conoce como *acelerador lineal*. Después, se hacen girar las partículas aceleradas gracias a la acción de campos magnéticos que, combinados con otros campos eléctricos, permiten que las partículas alcancen las velocidades deseadas. El problema es que, para conseguir que se muevan tan rápidamente, las partículas deben seguir trayectorias circulares de radios muy grandes, y es por ello que el acelerador del CERN tiene una longitud de decenas de kilómetros.

Uno de los grandes retos del CERN ha sido encontrar el llamado *bosón de Higgs*, una partícula que permite entender el origen de la masa y, por tanto, de la fuerza gravitatoria. Este hecho ha supuesto un paso de gigante para encontrar la teoría unificada que permita explicar todas las fuerzas de la naturaleza.

Jordi Mazón Bueso

42 / 100
¿QUÉ ES Y PARA QUÉ SIRVE UN SINCROTRÓN?

Un sincrotrón es básicamente un microscopio gigante que en lugar de funcionar con luz visible, como los microscopios ópticos a los que todos estamos acostumbrados, funciona con rayos X. Pero no sólo tiene esta peculiaridad, sino que además los rayo X que utiliza tienen unas características muy especiales que los diferencian de los rayos X utilizados convencionalmente en medicina: son mucho más energéticos y mucho más intensos, es decir, la cantidad de rayos X por segundo que atraviesan la muestra a estudiar es mucho más elevada, y se pueden focalizar en regiones muy pequeñas (del orden de la micra). Y, ¿cómo se consiguen estos rayos X? Acelerando electrones. De la teoría especial de la relatividad se puede demostrar que toda partícula cargada acelerada emite radiación en la dirección tangente a su movimiento, y es una radiación que ya de origen tiene una distribución angular muy pequeña, es decir, es muy focalizada. De esta manera sólo necesitamos un acelerador de electrones, pero no nos sirve uno cualquiera, ya que si aceleramos las partículas linealmente obtendremos radiación en la misma dirección en la que se mueven los electrones, de forma que los acabaríamos haciendo chocar contra la muestra y probablemente destruyéndola. Y además tenemos otras dos desventajas: una es que perdemos el electrón o los electrones y tenemos que volver a acelerar más, y la otra es que sólo se podría hacer un experimento cada vez. ¿Cuál es la solución? Hacer girar las partículas en el interior de un "donut gigante". De esta manera los electrones al girar emiten radiación que se va por la tangente de la circunferencia y pueden dar tantas vueltas como se quiera (en cada vuelta van perdiendo un poco de energía, pero periódicamente se suministran nuevos electrones al sistema). Y, por tanto, lo que se hace es construir varios laboratorios en diferentes tangentes de la circunferencia para aprovechar la radiación emitida. Además, se pueden insertar varios dispositivos que modifiquen la energía de los rayos X emitidos.

¿Y para qué sirve un sincrotrón? Sus aplicaciones son múltiples y abarcan casi todos los campos de la ciencia, desde la medicina hasta la física pasando por la química, la geología o la biología. Por ejemplo, pensando en aplicaciones médicas, se están diseñando laboratorios en sincrotrones para poder eliminar células cancerígenas sin dañar en absoluto ninguna de las células sanas que las rodean, como sucede con los tratamientos de quimio y radioterapia. El sincrotrón también es una herramienta imprescindible para saber cómo funcionan las proteínas, conocimiento que permitiría diseñar medicamentos más efectivos para atacar virus o bacterias. O en el campo de la ciencia de materiales, donde se pueden hacer experimentos con nuevos tipos de materiales para comprobar su posible utilidad en varias aplicaciones, como podría ser el sector aeronáutico o la construcción de máquinas de tamaños nanométricos que se podrían introducir en el cuerpo humano. También permite estudiar materiales sometidos a muy altas presiones y a temperaturas extremas, permitiendo así entender, por ejemplo, qué pasa en el interior de la Tierra. Y también sirve para la arqueología, ya que permite estudiar de forma no destructiva pequeños trozos de cerámicas, pinturas, etc. para saber cómo se hicieron y, por lo tanto, por ejemplo, saber cómo se podrían restaurar de la mejor manera.

Jordi Mazón Bueso

43 / 100

¿SON REALMENTE PELIGROSOS LOS EXPERIMENTOS QUE SE ESTÁN REALIZANDO EN EL LHC, COMO DICEN ALGUNOS?

Si en una región del espacio (espacio-tiempo) se acumulara mucha energía, ésta podría romper el tejido del espacio-tiempo y formar un agujero negro o de gusano. Por ejemplo, si nuestro Sol se comprimiera hasta unas dimensiones de 3 km, se convertiría en un agujero negro (esto no podrá pasar nunca, pues la gravedad del Sol es demasiado débil para que esto ocurra. El final de nuestro astro es bien diferente: acabará inicialmente creciendo, engullirá la Tierra y se convertirá en una gigante roja, para comprimirse de nuevo, enfriarse y permanecer como un cuerpo celeste sin energía). Cualquier cuerpo, incluso el lector, se puede convertir en un agujero negro si se comprime hasta unas dimensiones subatómicas. Pero para hacer esto se necesita una cantidad de energía enorme, llamada *energía de Planck*. La energía de Planck necesaria para generar una inestabilidad en el espacio-tiempo que pueda acabar generando un agujero negro es de 10.000.000.000.000.000.000.000.000.000 electronvoltios (10^{28} electronvoltios. Un electronvoltio es una unidad de energía que se utiliza a nivel atómico. Es la energía que adquiere un electrón cuando es sometido a una diferencia de potencial eléctrico de un voltio, pero a efectos de explicar la cuestión lo más importante es la comparación de estas unidades de energía). En el Gran Colisionador de Hadrones de Ginebra (LHC), inaugurado en 2008, se hacen experimentos de colisiones entre protones cuando éstos adquieren mucha velocidad y, por tanto, mucha energía. Después de dar vueltas y vueltas en una especie de donut gigante, alcanzan energías de billones de electronvoltios, que son liberados en el momento de la colisión. En esta colisión los protones se descomponen en sus partículas más íntimas, los *quarks*. Con estas colisiones los físicos buscan encontrar partículas nuevas, predichas en la teoría de partículas subatómicas pero todavía nunca detectadas, especialmente el bosón de Higgs (también llamado *la partícula de Dios*), descubierto en 2012. La energía que se puede obtener en estas colisiones es del orden del billón de electronvoltios, es decir 1.000.000.000.000 de electronvoltios (10^{12} electronvoltios), muy por debajo de la energía de Planck necesaria para perturbar el espacio-tiempo y poder crear un pequeño agujero negro. Haría falta un acelerador de partículas millones de veces más potente para poder arañar el espacio-tiempo y poder crear un pequeño agujero negro. En los experimentos del LHC, los físicos simulan las condiciones en las que se encontraba el Universo cuando tenía una edad de 10-15 segundos. La etapa llamada *inflacionaria* y que podría ser la "peligrosa" corresponde a una edad del Universo de 10-35 segundos. El HLC no puede simular estas condiciones, pues son necesarias unas energías de magnitud muy superior a las que puede generar este artefacto.

Sin embargo, las noticias sensacionalistas sobre la peligrosidad de los experimentos que se hacen en el LHC se han difundido por el planeta, e incluso colectivos de personas han intentado detener los experimentos denunciando ante tribunales que los experimentos del LHC ponen en peligro la seguridad del planeta, pues la formación de un agujero negro podría engullir la propia Tierra. La tecnología actual está muy lejos de conseguir la energía de Planck, pero quién sabe si en el futuro tecnologías más avanzadas permitirán crear agujeros negros o de gusano y viajar a través de ellos a otros universos.

Jordi Mazón Bueso

44 / 100

¿QUÉ HAY MÁS ALLÁ DEL UNIVERSO?

Pues... nadie lo sabe. Podemos, quizá, responder como decía Isaac Asimov: más allá del Universo hay no-Universo, que no sabemos qué es, pero sí sabemos qué no es: no es Universo... Me explico. Imaginemos una pulga inteligente que vive en la Meseta castellana y que, curiosa como el ser humano, decide caminar y caminar para explorar su entorno. En ningún caso la pulga, que sólo conoce la Meseta, se plantea la existencia del mar, del Mediterráneo. Pero supongamos que, como inteligente que es, un día se plantea la incómoda pregunta: "¿Qué hay más allá de la Meseta?". Ella ha caminado y caminado, pero no ha llegado nunca al final de la tierra, y ni siquiera sabe si existe un final de la tierra... y mucho menos de la existencia del mar. La respuesta a esta molesta pregunta podría ser que más allá de la tierra, si hay algo, será no-tierra. ¿No es así? Pues más allá del Universo, si hay algo, será no-Universo, pero qué exactamente no tenemos ni idea, como tampoco tiene ni idea la pulga de que más allá de la Meseta castellana hay el Mediterráneo.

Hace unas décadas se pensaba que el Universo era infinito, no tenía ni inicio ni final, y era lo que podíamos detectar desde la Tierra. Preguntarse qué había más allá del Universo no tenía sentido, porque éste nunca se acababa. Pero con el desarrollo de la teoría del Big Bang el Universo dejó de ser considerado infinito. La expansión del Universo es hoy en día aceptada por la comunidad científica, y por tanto se habla de un Universo finito, con unas dimensiones determinadas. El hecho de atribuirle un tamaño implica que este Universo ocupa un espacio, un lugar, y que debe estar confinado en algún lugar. Este lugar donde supuestamente está confinado el Universo es a lo que la ciencia no puede dar respuesta. La ciencia no es una herramienta infalible, pero es la mejor que tenemos para conocer el entorno, la realidad que nos rodea. Sin embargo, a diferencia de lo que algunos creen, no sirve siempre, ni para dar explicaciones de todo.

Lo que la ciencia sí nos ha permitido saber es, de forma aproximada, cómo de mayor es el Universo que observamos. Se cree que tiene 13.700 millones de años (con un error de unos 200 millones de años) y una extensión de unos 93.000 millones de años luz. Se piensa que hay entre 50.000 y 125.000 millones de galaxias, formadas en el 90% por hidrógeno, el 9% por helio y el 1% restante por elementos más complejos (carbono, oxígeno, hierro...). La densidad media se estima en 10^{-30} gramos de masa y energía por centímetro cúbico. Sólo el 4% del Universo es materia formada por átomos, mientras que el resto es energía.

45 / 100

¿QUÉ ES LA NANOCIENCIA, O NANOTECNOLOGÍA?

Si dividimos un metro en cien partes, cada una de éstas es un centímetro. Si lo dividimos en mil partes, cada parte es un milímetro. En un millón, un micrómetro, y si lo dividimos en mil millones, cada parte es un nanómetro. La ciencia a esta escala es la nanociencia, y sus aplicaciones en soluciones tecnológicas, la nanotecnología. Para entendernos, podríamos llamar a la ciencia de construir un rompecabezas centiciencia, ya que la escala de actuación es la del centímetro. La de coser, de la escala del milímetro, sería la miliciencia, la de las bacterias y células, microciencia (microcirugía, por ejemplo). Pues la nanociencia es mil veces más pequeña que la microciencia. A esta minúscula escala, los átomos presentan un comportamiento y unas características diferentes y sorprendentes que no presentan a escala normal y que no se pueden explicar con la física clásica, sino con la física cuántica. Manipulando los materiales a esta escala, se pueden obtener materiales y sistemas con unas propiedades sorprendentes y únicas. Según apuntan los expertos, este nuevo campo de la ciencia comportará una revolución industrial y tecnológica en este siglo XXI superior a la que supuso el descubrimiento de la máquina de vapor. El origen de la nanociencia hay que situarla en el año 1959, cuando el premio Nobel Richard Feynman, en una charla titulada *Hay mucho lugar por debajo*, destacó los beneficios que podría aportar atrapar átomos, situarlos en posiciones determinadas y fabricar así nuevos materiales con propiedades sorprendentes, únicas y con muchas aplicaciones. Por ejemplo, la presencia de determinadas nanopartículas en determinadas superficies las hace rugosas y hidrófugas, y por tanto hacen que nunca se mojen ni se empañen. Ya existen aplicaciones en cristales de gafas y coches con esta tecnología. La presencia de hasta un 20% de nanopartículas en un tejido actúa limpiando este tejido en caso de ensuciarse. Es decir, si cae, por ejemplo, una mancha de café, el tejido se limpia automáticamente al incidir la luz solar. No habría que lavarlo.

Pero uno de los campos que se verán revolucionados por la nanociencia es el de la informática, ya que la nanotecnología reducirá el tamaño de los actuales ordenadores unas cincuenta veces, y multiplicará su velocidad y capacidad unas mil veces. La próxima década se cree que el tamaño de los chips llegará a límites de ser integrados en un área de silicio, y se entrará en la integración de nivel atómico, la era de los ordenadores cuánticos, de funcionamiento muy diferente.

46 / 100

¿QUÉ APLICACIONES FUTURAS SE ESPERAN DE LA NANOCIENCIA?

La nanociencia y la nanotecnología abren un campo de posibilidades inmenso y sorprendente, hasta ahora reservado al mundo de la ciencia-ficción. Imaginemos, por ejemplo, una nanopartícula que, como si fuera una pequeña nave, mucho más pequeña que una célula, navega por el riego sanguíneo, dando tumbos en busca de células enfermas para penetrar en sus membranas e inyectar la dosis precisa de medicamento. Este "viaje fantástico", que hoy día puede parecer de ciencia-ficción, podría dejar de serlo este siglo XXI. Las nanopartículas, aquí llamadas *nanocápsulas*, son la gran promesa para el tratamiento de algunos cánceres, entre otras enfermedades. Inyectar veneno en los tumores directamente, célula por célula, evitando así los devastadores efectos de la radioterapia y la quimioterapia, es la línea de investigación más importante en las aplicaciones médicas de la nanociencia. La idea es que estas nanopartículas se introduzcan en las células tumorales, las reparen y, si no es posible, las eliminen. Todo sin que el paciente se entere y vaya haciendo vida normal. Esta manera de proceder es ciertamente elegante, cómoda. Pensemos que una nanopartícula es tan pequeña que una aguja hipodérmica común podría introducir o liberar miles de millones de estas nanocápsulas a la corriente sanguínea.

Siguiendo en el ámbito de la medicina, la inyección de nanopartículas en la sangre, a través de, por ejemplo, gotas nasales, será la manera de inyectar en el cuerpo vacunas. Este hecho ya es una realidad en pruebas en el caso de las vacunas antitetánica y antidiftérica. La diabetes podrá ser tratada con la incorporación de nanopartículas, que suministrarán la dosis óptima de insulina. Con los biochips se podrá obtener gran cantidad de información genética de un individuo trabajando a escala muy pequeña y en muy poco tiempo, lo que permitirá obtener vacunas y detectar enfermedades tumorales rápidamente. Los biosensores permitirán detectar virus en tiempo real y con gran precisión dentro del cuerpo humano antes de que el sistema inmunológico lo haya hecho, por lo que se podrá actuar antes de que el virus se empiece a reproducir y a afectar al cuerpo. Investigadores han creado ya un glóbulo rojo artificial, que con 1 micra de tamaño es capaz de liberar 236 veces más oxígeno que los de verdad. Incorpora sensores químicos y físicos, que responden a las órdenes del médico, el cual les puede guiar con el uso de señales acústicas para que actúen de una forma determinada. Estos investigadores también han creado unas nanopartículas que actúan eliminando microbios que pueda haber dentro del torrente sanguíneo, actuando 1.000 veces más rápido que las defensas naturales. Una de las últimas aplicaciones de la nanociencia ha sido de la mano de la Universidad Rovira i Virgili de Tarragona, que ha desarrollado unos nanosensores que detectan la presencia de la salmonelosis en los alimentos de una forma casi instantánea.

La investigación en este campo también tiene implicaciones en astronáutica y los viajes por el espacio. Al abandonar el campo magnético terrestre, desaparece la protección que ofrece a la radiación electromagnética, y esto hace que los astronautas estén sometidos a radiaciones altamente cancerígenas, lo cual no permite un posible viaje a Marte, o establecer una colonia en la Luna, por ejemplo. No existe ningún material que pueda filtrar estas radiaciones, que alteran el ADN de los astronautas provocándoles cáncer. Las nanopartículas podrían solventar este problema, ya sea construyendo una segunda piel que filtre estas radiaciones o inyectando nanopartículas dentro del cuerpo de los astronautas que reparen los daños que crean estas energéticas radiaciones.

En la exploración de planetas como Marte, la nanociencia podría jugar un papel fundamental. Imaginemos que las sondas que han ido a Marte, como *Curiosity, Opportunity, Mars Express* y otras, pudieran ser tan pequeñas como un escarabajo y pudiéramos llevar millones a Marte. Una vez allí, comenzarían a recorrer la superficie analizando materiales, buscando posibles formas de vida bacteriana, agua…

Pero una de las joyas de la corona de la nanociencia, y que hoy en día ya se usa en muchos campos, es la de los nanotubos de carbono.

47 / 100

¿QUÉ SON LOS NANOTUBOS DE CARBONO?

El carbono es un elemento muy frecuente en la naturaleza. Una de las formas en las que aparece es formando el grafito, o bien el diamante. La única diferencia entre ambos es la organización de los átomos, que les confieren propiedades muy diferentes: uno es extraordinariamente blando (el grafito), mientras que el otro (el diamante) es de los más resistentes de la naturaleza. Los científicos han logrado modificar la posición de los átomos de carbono en diferentes materiales, y así colocar átomos de carbono formando una estructura como si fuera una red metálica, en forma de tubos de sólo 10 átomos de diámetro, formando los llamados *nanotubos*, que adquieren unas propiedades extraordinarias: tienen 100 veces la resistencia del acero, pero 1/6 de su peso, son muy fuertes, conducen mejor la electricidad que el cobre, pueden ser conductores o semiconductores dependiendo de cómo se coloquen los átomos, y conducen muy bien el calor. Como se puede imaginar el lector, el abanico de posibilidades de este material es inmenso. Ya existen, por ejemplo, bicicletas que incorporan en su estructura nanotubos de carbono, y son mucho más resistentes y rígidas que las convencionales, con menos de 1 kg de peso. Y algunos palos de golf que incorporan nanotubos son mucho más resistentes y ligeros que los convencionales. La lista de aplicaciones de los nanotubos de carbono es larguísima...

48 / 100

¿POR QUÉ VEMOS LAS ESTRELLAS EN FORMA DE ESTRELLA, SI SABEMOS QUE SON ESFÉRICAS, COMO EL SOL?

Efectivamente, las estrellas, y en general los focos luminosos lejanos, como las farolas de la calle o las luces de un coche situadas muy lejos de nosotros, las vemos de esta forma, un foco central luminoso con unos pinchos que se extienden y que le dan forma de estrella en vez de observar una fuente nítida con la forma original. La causa radica en el fenómeno de la difracción de la luz en la retina del ojo. La difracción es el cambio de la dirección de la propagación de la luz, y en general de una onda, cuando ésta pasa cerca de un cuerpo sólido, o pasa por una apertura de unas dimensiones comparables a la longitud de onda de la onda incidente.

Una onda se difracta al incidir con los átomos y las moléculas del cuerpo sólido, haciendo que éstos se pongan a vibrar con igual frecuencia y longitud de onda que la onda incidente, y que por tanto los átomos del sólido se conviertan en centros emisores de ondas no sólo en línea recta, sino también en unas direcciones fuera de la trayectoria rectilínea. Por esta razón, oímos las ondas sonoras cuando nos llaman desde la cocina y estamos en el comedor o en una habitación no alineada con la cocina, u oímos los coches y el ruido de la calle que entra por la ventana en rincones de la casa no alineados con la fuente sonora. Los átomos del marco de la puerta, la ventana, etc. emiten ondas en todas direcciones, haciendo que el ruido pueda llegar a lugares donde no lo haría de forma directa desde la fuente. Esto es la difracción. Pero hay que tener en cuenta que para que tenga lugar las aperturas deben tener unas dimensiones comparables a las de la longitud de onda de la onda incidente. Así, en el caso del sonido audible (de frecuencias entre 20 y 20.000 Hz), para que se produzca difracción las aperturas tendrán unas dimensiones de entre 1,7 milímetros y 17 metros. Cuando una onda sonora audible atraviesa una apertura fuera de estas medidas, no se difracta y el ruido sigue su movimiento en línea recta. Si hablamos a través de un orificio de 1 cm hecho en una pared de hormigón, al otro lado se oirá nuestra voz en cualquier punto de la habitación, ya que la onda sonora se puede difractar. En cambio, si lo hacemos a través de un agujero inferior a 1,7 mm, sólo oiremos la voz en línea recta.

Con la luz pasa lo mismo, pero con la diferencia de que las dimensiones son mucho más pequeñas. El color azul tiene una longitud de onda de 0,0000006 metros, y el violeta de 0,0000003 metros, aproximadamente. Por lo tanto, cuando la luz visible atraviesa aperturas de estas dimensiones, la luz se difracta y cambia de dirección de propagación. Y esto es lo que pasa con la luz de las estrellas, y en general de los focos luminosos puntuales (los que están muy alejados), al atravesar nuestra retina, se difractan y muestran estas puntas que les dan aspecto de estrella.

49 / 100

¿POR QUÉ LA SOMBRA DEL SOL NO ES NÍTIDA?

La luz se propaga en línea recta. Este hecho lo observamos a menudo en habitaciones llenas de polvo en suspensión o cuando el aire está saturado de humedad y hay niebla o neblina, o en los potentes láseres de las discotecas cuando enfocan hacia el cielo (contribuyendo a la contaminación lumínica). Vemos entonces cómo los rayos luminosos se propagan siguiendo una línea recta. Cuando en esta trayectoria rectilínea se interpone un objeto opaco, la luz genera una sombra. Si nos fijamos bien en ésta, cuando la distancia entre el cuerpo que genera la sombra y la propia sombra es relativamente grande, la sombra no es nítida. Aparece una zona muy pequeña de penumbra, difusa, en la que es difícil discernir si es zona de sombra o de iluminación. Esto es así porque la luz se difracta en el objeto que hace la sombra.

Efectivamente, cuando la luz pasa por un objeto puntiagudo, por un borde o una pequeña rendija, los rayos se tuercen ligeramente. Hay rayos que siguen su movimiento rectilíneo, y hay rayos que se tuercen ligeramente de su movimiento rectilíneo, de forma que aparecen en la zona donde el objeto hace sombra. En esta zona los rayos se superponen, su intensidad disminuye y se intensifica, y se observa como resultado esta pequeña franja difusa.

Este fenómeno lo observamos por ejemplo en la sombra que un edificio o cualquier objeto hace en el suelo a la luz del sol. Los rayos solares se difractan en el borde del edificio y pueden penetrar en una zona que queda fuera de la trayectoria de propagación rectilínea de la luz, dentro del cono de sombra del objeto. Esta zona es pequeña, pero suficiente para que cuando llega al suelo se pueda observar. Otro ejemplo donde podemos observar este fenómeno es en la sombra que las hojas de un árbol hacen en el suelo en un día de verano.

50 / 100

¿QUIERES QUE TE EXPLIQUE EL SECRETO DE LAS ESTRELLAS...?

Ésta es una de las estrategias que propongo a mis alumnos y alumnas adolescentes que utilicen para ligar. Aunque muchos no están muy de acuerdo (bueno, la mayoría, por no decir todos y todas), creo que es una muy buena pregunta para invitar a alguien a salir del bochornoso y poco saludable ambiente de una discoteca o bar musical del sábado por la noche, ir a la playa o a un parque cercano y disfrutar de la vista de las estrellas: "¿Salimos fuera y te cuento el secreto de las estrellas?". Si dice que sí, hay que saber la respuesta a la pregunta y no quedarse cortado o cortada. Con voz dulce, podemos responder y explicar: "Dos átomos de hidrógeno se unen para formar uno de helio, y en el proceso se libera mucha energía que podemos ver en forma de luz, como las que vemos ahora en el cielo...". A partir de aquí, ya hay muchas variantes, y es trabajo de cada uno terminarlo como crea conveniente...

Si algún posible lector opta por terminar la explicación, debe saber que la unión de dos átomos de hidrógeno en las estrellas responde a un proceso de fusión nuclear. El hidrógeno es el elemento más abundante de las estrellas activas, y las inmensas fuerzas en el interior de las estrellas generan que dos átomos de hidrógeno puedan fusionarse, formar uno de helio y liberar mucha energía. Pero ¿de dónde sale esa energía? Según la teoría de la relatividad especial de Einstein, la masa y la energía son equivalentes o, dicho de otra forma, la masa es una forma de energía. Así, la masa de dos átomos de hidrógeno por separado, antes de la fusión, es superior a la de los dos átomos de hidrógeno unidos, tras la fusión. La energía que se emite es la parte de la materia que se ha transformado en energía, según la ecuación $E = mc^2$ (donde c es la velocidad de la luz). Al final del balance, la masa es constante. Simplemente hay una parte que se ha transformado en energía, y es ésta la que vemos en forma de luz saliendo de las estrellas o del Sol... si no lo eclipsa la compañía, claro.

51 / 100

¿INFLUYEN LAS ESTRELLAS Y LA POSICIÓN DE LOS PLANETAS EN EL CARÁCTER DE LAS PERSONAS?

La astrología y la astronomía tuvieron un origen común, pero la primera no quiso o no supo adaptar el método científico a su manera de proceder y se quedó completamente anclada en el pasado, en los mismos argumentos indemostrables y erróneos para entender el entorno, el mundo que nos rodea, mientras que la segunda, la astronomía, por medio del método científico ha podido evolucionar en el conocimiento del cosmos.

Uno de los argumentos en los que se basa la astrología para afirmar que la posición de las estrellas, constelaciones y planetas influye en el carácter de las personas en el momento del nacimiento es el hecho de que el cuerpo humano es prácticamente agua en su totalidad y que, por tanto, en función de la posición de las estrellas y los planetas en el cielo la fuerza de atracción gravitatoria que estos cuerpos celestes hacen sobre el agua del bebé en el momento del nacimiento le provoca una distribución de agua en el cerebro en mayor o menor cuantía, y esto en el momento del nacimiento determina el carácter del individuo. Posiblemente esta argumentación es fruto de un intento de justificar lo injustificable, que la posición de las estrellas influye en el carácter de las personas.

Pensemos en la estrella más cercana, Alfa Centauri, situada a una distancia de nosotros de 4,36 años luz (1 año luz equivale a $9,46 \times 10^{15}$ metros) y con una masa de $2,167 \times 10^{30}$ kg. La fuerza gravitatoria que ejerce sobre un bebé de, pongamos, 3 kg resulta ser de $2,5 \times 10^{-13}$ N. Pensemos ahora en la comadrona, con una masa de 100 kg (¡una señora comadrona!), situada a 20 cm del bebé. La fuerza gravitatoria que ésta ejerce sobre él es de 5×10^{-7} N, ¡un millón de veces superior!

La astrología en este sentido tendría que cambiar de argumento (¡ya va siendo hora!). Puestos a pronosticar el carácter de las personas, tendría más sentido hacerlo en función de la masa de la comadrona que de la posición de las estrellas. Evidentemente, la fuerza es tan pequeña que no tiene ninguna influencia gravitatoria sobre el bebé. La influencia en el carácter de las personas se encuentra sobre todo en la educación y los estímulos que uno reciba, más que en la fuerza de atracción gravitatoria de ningún cuerpo.

52 / 100

¿POR QUÉ DESPEGA UN AVIÓN?

Cuando un objeto se desplaza en un fluido, como por ejemplo el ala de un avión en el aire, se abre camino entre el fluido, y el aire es desplazado por encima y por debajo del ala. La forma del ala favorece que el aire que es desplazado hacia arriba lo haga a una mayor velocidad respecto al aire que es desplazado hacia la parte inferior, de forma que el aire que se mueve a mayor velocidad por encima del ala ejerce una fuerza menor respecto a la parte inferior del ala, donde el aire se mueve más lentamente. Aparece entonces una diferencia de fuerzas entre las partes superior e inferior del ala: por encima del ala, donde el aire se mueve a más velocidad, la fuerza disminuye, mientras que por debajo del ala, donde el aire se mueve más lentamente, la fuerza que ejerce el aire es mayor. Aparece entonces un empujón hacia arriba sobre el ala, que es la que hace despegar el avión. Cuanto mayor sea la superficie del ala, mayor será la superficie que empuje hacia arriba. Por eso las alas de los aviones son tan grandes.

El fenómeno que genera esta diferencia de velocidades entre dos puntos de un objeto a medida que se desplaza por un fluido, y que acaba generando fuerzas que causan movimientos como los del despegue de un avión, se conoce como *efecto Venturi*. Muchos fenómenos relativamente cotidianos son causados por este fenómeno.

53 / 100

¿CUÁNDO DESPEGA MEJOR UN AVIÓN, EN VERANO O EN INVIERNO?

La fuerza de sustentación de las alas de un avión depende fundamentalmente de dos factores: la diferencia de velocidad del aire entre las partes superior e inferior del ala y la densidad del aire. La densidad del aire hace que haya más o menos moléculas que generen la fuerza de sustentación sobre las alas. Cuanto más denso sea el aire, menos velocidad será necesaria para despegar una aeronave, y a la inversa, cuanto menos denso sea el aire, más velocidad será necesaria.

Jordi Mateu es un experimentado piloto de avión, gran aficionado al mundo de la aeronáutica desde hace años. Un día de julio de 1999, él y tres amigos tenían la intención de hacer un vuelo por el cielo de Cataluña, hacer algunas fotos y pasar un agradable rato volando. La salida se había previsto desde el aeródromo de Òdena, cerca de Igualada (Barcelona), un aeródromo bien conocido por este piloto. Era una mañana calurosa, con un cielo bien despejado y azul, una buena visibilidad, y el viento no era muy intenso. Hacia mediodía, después de hacer las revisiones rutinarias y oportunas a la avioneta Cessna, Jordi Mateu y los tres ocupantes se encontraban al comienzo de la pista 35 del aeródromo, esperando a iniciar la carrera para despegar la aeronave. A los pocos minutos, el motor de la Cessna aceleraba y la hélice delantera comenzaba a girar con fuerza, impulsando el avión adelante y ganando velocidad. La pista del aeródromo de Òdena, sin embargo, se quedó corta esa mañana: la avioneta no despegaba, ante la sorpresa y preocupación del piloto. El motor de la Cessna daba la máxima potencia y, a pesar de la velocidad, la pista se iba acabando y la avioneta no despegaba. Ante esta situación, y al ver que el campo de trigo del final de la pista cada vez estaba más cerca, el piloto decidió abortar la operación de despegue, cortando la potencia y la entrada de combustible al motor y deteniendo rápidamente la aeronave. Parecía que la fuerza de sustentación de las alas no era suficiente para hacer despegar la avioneta, aunque éstas estaban en perfecto estado. Era la primera vez que le pasaba algo similar. La temperatura a pie de pista de aquel mediodía en Òdena superaba los 33 °C, y el aire, por tanto, tenía una baja densidad. Hacía falta una velocidad más elevada para despegar la avioneta en aquellas condiciones de baja densidad del aire,. Si bien en otros momentos del año no hubiera supuesto ninguna dificultad, con aquellas condiciones y el peso de los cuatro ocupantes la sustentación necesaria requería una velocidad mayor a la habitual para despegar la aeronave.

54 / 100

¿POR QUÉ VUELAN LOS AVIONES DE PAPEL?

¿Quién no hecho nunca un avión de papel? Todo el mundo en algún momento de su vida ha construido un avión de papel y lo ha lanzado, con mayor o menor fortuna en su vuelo. Pero, ¿por qué vuela realmente un avión de papel? ¿Es la misma causa que hace volar los aviones comerciales? Mi alumno Mario Gómez analizó en su trabajo de investigación del final del bachillerato si el efecto dominante en el vuelo de los aviones de papel era, como en los aviones comerciales, el efecto Venturi en las alas, o bien si este efecto pasa más a un segundo término y los efectos viscosos del papel con el aire son dominantes para sustentar el vuelo de los aviones de papel.

Parece ser que la viscosidad del papel con el aire tiene una influencia importante, muy superior a las diferencias de presión generadas por el efecto Venturi (aunque depende mucho del tipo de avión de papel). La velocidad baja a la que planea un avión de papel hace que el llamado *efecto Coanda* tenga una influencia importante. El ingeniero Henri Coanda se dio cuenta de que un fluido tiende a seguir el contorno de la superficie que incide en este fluido, sobre todo si la curva de la superficie incidente es suave. Esto genera una fuerza de atracción hacia el fluido. Pongamos un ejemplo sencillo. Pensemos en un globo suspendido en el aire. Si sobre el lado derecho dejamos caer algo sólido, como granos de arroz, éstos impactarán en él y rebotarán, y por la tercera ley de Newton de acción y reacción los granos de arroz saldrán hacia el lado derecho y el globo se irá hacia el lado izquierdo. Si ahora en lugar de dejar caer granos de arroz dejamos caer lentamente en el mismo lado derecho del globo un fluido, por ejemplo una pequeña corriente de aire, este fluido se pegará a la superficie del globo, la girará y, en lugar de caer recto, seguirá por la parte inferior derecha del globo una cierta distancia hasta que finalmente se separará. El globo entonces se irá hacia el lado derecho. Es decir, que el fluido genera una fuerza de atracción sobre globos, tendiendo a acercarse hacia la corriente.

Aplicado a nuestro vuelo de los aviones de papel, la fuerza de sustentación que los hace planear está causada en buena medida por la fuerza que la viscosidad del aire genera sobre la parte superior del papel, hacia arriba, y que compensa el peso del papel.

En general, pues, las causas que hacen volar un avión de papel son dos: el efecto Venturi y el efecto Coanda. Dependiendo del diseño del avión, dominará más una u otra.

55 / 100

¿POR QUÉ SE NOS ACERCA A LAS PIERNAS LA CORTINA DE LA DUCHA CUANDO ABRIMOS EL GRIFO?

Es una experiencia que seguro que hemos experimentado alguna vez al ducharnos en una bañera que disponga de cortina, no de mampara. Al abrir el grifo, el agua sale a una cierta presión y arrastra el aire de alrededor del chorro con ella, hacia abajo. El aire en el interior de la ducha inicia un movimiento descendente, mientras que al otro lado de la bañera, dentro del lavabo pero fuera de la ducha, el aire se mantiene en reposo. Como en el interior de la ducha el aire adquiere una cierta velocidad (pequeña si se quiere, pero apreciable), la presión que este aire ejerce sobre la cortina disminuye respecto a la que ejerce el aire del otro lado de la bañera, empuja la cortina hacia adentro y ésta se acerca hacia nuestras piernas. Tenemos que acabar mojándola para que quede adherida a la pared de la bañera y no nos moleste mientras procedemos a la higiene personal básica.

Si además el agua de la ducha es caliente, la presión del aire en el interior de ésta disminuye aún más, ya que el aire se calienta y se dilata, pierde densidad y tiende a salir del espacio interior de la ducha. El vacío de aire que ha dejado es rellenado por el aire más frío y más denso del exterior de la ducha. Este movimiento empuja la cortina hacia adentro y contribuye a que se nos pegue aún más en las piernas.

56 / 100

¿POR QUÉ UN MONOPLAZA DE FÓRMULA 1 PUEDE CORRER TANTO Y TOMAR LAS CURVAS A TANTA VELOCIDAD?

Domingo tras domingo durante la temporada de Fórmula 1, de primavera a finales de verano aproximadamente, la televisión pública del país nos muestra este espectáculo de técnica, velocidad, contaminación, competitividad en la carretera... Curiosamente, todo lo contrario de lo que se nos pide desde el Gobierno a los conductores: moderar la velocidad, reducir la contaminación cogiendo más el muy deficiente transporte público del que disponemos y ser respetuoso en la carretera. Este espectáculo tiene tanta fuerza que incluso desplaza horas los informativos de los domingos al mediodía, para que podamos ver cómo los prototipos superan los 300 km/h y toman las curvas a velocidades que superan los 200 km/h sin salirse del asfalto. No es nada fácil lograr esto. Pensemos que un avión típico tiene unas cuantas toneladas de masa y despega a velocidades que no llegan a los 300 km/h, mientras que estos coches monoplaza superan de largo esa velocidad y no despegan. La razón se encuentra en que, a diferencia de los aviones, estos monoplazas tienen en la parte de abajo del chasis unos alerones invertidos, es decir, que hacen el efecto contrario al de las alas del avión. El aire circula más deprisa bajo el alerón que por encima, de modo que la presión en la parte de abajo del alerón es inferior que en la parte de arriba, donde el aire prácticamente no circula, y aparece una diferencia de presiones entre las partes superior e inferior que impulsa el coche de carreras hacia la carretera. Cuanto más rápido circula, más se adhiere a la carretera e impide que el coche despegue. Sin este alerón y a las velocidades que circulan, los prototipos despegarían, como alguna vez hemos podido ver cuando por alguna circunstancia este alerón no ha hecho su función.

57 / 100

¿POR QUÉ EL TÚRMIX SE ADHIERE AL FONDO CUANDO HACEMOS PURÉ O MAHONESA?

Si alguna vez hemos triturado verduras, carne o pescado para hacer, por ejemplo, un puré, o bien aceite, ajos y un huevo para hacer alioli (o mahonesa), habremos comprobado cómo el brazo del túrmix, donde está la hélice afilada para cortar, se adhiere al fondo del recipiente. La razón hay que buscarla en el efecto Venturi, el mismo que hace despegar los aviones, hace mover la cortina de la ducha o hace que los coches de Fórmula 1 puedan ir muy deprisa, entre otros fenómenos. La hélice del túrmix hace mover el fluido (el puré, el alioli…) a gran velocidad, de forma que la presión en esta zona disminuye. Por encima, el fluido se mantiene en reposo, de manera que aparece una fuerza vertical hacia abajo, de más presión (en la parte superior) a menos presión (bajo las hélices), que hace que el túrmix se adhiera al fondo. Los cocineros y las cocineras que utilizan este electrodoméstico saben perfectamente que, a cuanta más velocidad lo ponen, más fuerza tienen que hacer con la mano para aguantar el túrmix y que no se quede adherido al fondo, ya que más grande es la diferencia de velocidades entre las partes inferior y superior de las hélices.

58 / 100

¿POR QUÉ ONDEA UNA BANDERA?

Seguramente muchos piensan, de forma acertada, que las banderas ondean por el viento. Efectivamente, cuando no hay viento las banderas no ondean y el peso de la ropa hace que queden caídas, sin que se pueda ver el diseño o los símbolos de éstas, de forma similar a las banderas institucionales que hay en el interior de algunas salas o despachos. Pero ¿por qué el viento hace ondear una bandera? Si el viento soplara de una dirección y tuviera la suficiente fuerza, la bandera se extendería sin más, no tendría por qué ondear. La bandera ondea por el efecto Venturi (sí, nuevamente por este efecto). Una vez el viento extiende la bandera, el viento no circula por igual en ambos lados de ésta. El mismo peso de la bandera hace que en uno de los lados la bandera caiga un poco, supongamos que sea el lado izquierdo, de forma que el viento en este lado se frena al chocar con la bandera, disminuye la velocidad y, por tanto, aumenta la presión, ya que en la parte derecha de la bandera el aire circula a mayor velocidad, la presión disminuye y aparece una fuerza que desplaza la bandera de izquierda a derecha. Cuando se encuentra en esta nueva posición, vuelve a suceder el mismo fenómeno y la bandera se mueve de derecha a izquierda, y así sucesivamente, produciendo el efecto que la bandera se mueve de lado a lado, ondeando.

Jordi Mazón Bueso

59 / 100

¿EN QUÉ MOMENTO DE LA LIGA DE FUTBOL SE MARCAN MEJOR LOS GOLES EN ROSCA? ¿POR QUÉ Y CÓMO SE PRODUCEN ESTOS CHUTES?

Hacia finales de mayo suele finalizar la Liga de fútbol española, y se desarrolla la gran final de la Liga de Campeones europea. Los jugadores están cansados de tantas jornadas chutando y corriendo tras la pelota, viajando a todas partes, y los no aficionados al fútbol también estamos muuuuuuuuuuuy cansados de tanto y tanto fútbol en los medios de comunicación públicos. Pero que los disparos a portería no entren con tanta facilidad a gol al final de la Liga no sólo es culpa del cansancio de los jugadores, también tienen mucho que ver las condiciones atmosféricas. Y es que los grandes futbolistas, cuando chutan a portería, o cuando hacen pasadas estratégicas al milímetro a los compañeros desmarcados, lo hacen dando un toque casi mágico a la pelota, por lo que ésta a medida que se desplaza gira sobre su eje vertical. Así, el balón no hace una trayectoria rectilínea, sino que se curva y despista tanto al portero como a los defensas. El giro mágico del balón responde al efecto Venturi, según el cual, cuando el aire se mueve alrededor de un objeto, la presión disminuye en aquellas zonas donde el aire va más deprisa y se genera una diferencia de presión (de fuerzas) entre las partes donde el aire se mueve muy rápido y las partes donde se mueve más lentamente. Es el mismo principio que hace despegar un avión. El aire se desplaza a mayor velocidad por encima del ala, y a menor velocidad por debajo, de forma que se establece una diferencia de presiones entre las partes inferior y superior y el avión despega. A la pelota también le pasa lo mismo, pero entre la parte izquierda y la derecha. Si la pelota gira, por ejemplo, en sentido antihorario (vista en planta), el aire de la parte izquierda de la pelota es acelerado por la misma rotación de la pelota, mientras que el aire de la parte derecha se va frenado. Así, hay una diferencia de presión entre las partes derecha e izquierda, y la pelota gira hacia la izquierda a medida que se desplaza. La diferencia de presiones depende básicamente de dos factores: la rotación de la pelota, y esto depende exclusivamente de la habilidad del futbolista, y la densidad del aire, que depende de las condiciones meteorológicas. En invierno, cuando los partidos de fútbol se juegan de noche, con temperaturas inferiores a 10 °C, el aire es más denso que cuando se juegan de día, como es el caso de las últimas jornadas de Liga, a partir de mediados del mes de mayo. Hay que darle más rotación a la pelota para conseguir el mismo efecto que se conseguía en invierno con menor rotación. Y es que el verano es para descansar del fútbol.

60 / 100

¿POR QUÉ NO PODEMOS CAMINAR SOBRE EL AGUA?

Siempre que una fuerza actúa sobre un cuerpo, este cuerpo reacciona y ejerce una fuerza idéntica a la aplicada pero en sentido contrario. Esto es lo que dice la tercera ley de Newton, también conocida como *ley de acción y reacción*. Toda acción tiene siempre una reacción, es decir, una fuerza idéntica a la aplicada pero en sentido contrario.

Seguramente el lector estará en estos momentos sentado leyendo este libro. Su culo está haciendo una fuerza sobre la silla, y como bien sabe, no cae. La razón está en que la fuerza que hace el culo del lector o la lectora sobre la silla es la misma que la que está haciendo la silla sobre su culo, pero en sentido contrario. Es decir, si el lector o la lectora la hacen hacia abajo, la silla la está haciendo hacia arriba. Ambas fuerzas se compensan, y el lector o la lectora permanece en equilibrio y puede seguir leyendo tranquilamente. Siempre que haya una acción, una fuerza aplicada a algún cuerpo, habrá una reacción. ¡Siempre! A veces costará más o menos encontrar esta reacción, pero siempre está.

Cuando estamos de pie, el peso de nuestro cuerpo ejerce una fuerza sobre el suelo. El suelo nota esta fuerza y las moléculas del suelo reaccionan y hacen una fuerza idéntica a nuestro peso pero en sentido contrario, de modo que la fuerza de nuestro peso (dirigida hacia abajo) se ve compensada por una fuerza que ejerce el suelo sobre los nuestros pies (dirigida hacia arriba) y podemos permanecer tranquilamente de pie.

Pero ¿qué sucedería si la reacción que ejerciera el suelo no tuviera el mismo valor que nuestro peso? Pues que entonces no estaríamos en equilibrio y nos hundiríamos. Es lo que pasa cuando intentamos caminar sobre el agua: las moléculas del agua no tienen la rigidez de un sólido, y la reacción que ejercen en una fuerza como el peso es insuficiente para compensarla. Y, por tanto, nos hundimos. La reacción del agua a un peso como el de una persona resulta del todo imposible y, por tanto, se hunde. Científicamente, pues, Jesucristo no pudo caminar sobre las aguas. Al intentarlo, seguramente se hundió en el primer paso, como el resto de seres con peso, pues la densidad del agua es demasiado pequeña para generar una reacción igual a la acción (la fuerza del peso de Jesucristo). Por no llevar la contraria a la Biblia, sin embargo, hay una manera en que sí hubiera podido caminar sobre las aguas, como lo puede hacer cualquiera de nosotros. Consiste en hacer que la acción, la fuerza del peso de Jesucristo, se reparta en una superficie mayor, de modo que las moléculas del agua sí puedan generar una reacción que compense estas fuerzas de peso más numerosas, pero menos intensas. Y eso lo podría haber hecho atándose a los pies unas plataformas de gran superficie, como las raquetas que se utilizan para caminar sobre la nieve pero sólidas. Entonces es sólo cuestión de habilidad y práctica.

61 / 100

¿PUEDEN LOS FANTASMAS ATRAVESAR LAS PAREDES?

Nos referimos a los fantasmas de las películas, los que van con una sábana por encima y a veces arrastran una bola de hierro atada con una cadena al tobillo, no a los demás, que están entre nosotros y son tan humanos como tú, lector o lectora, y yo. Supongamos que estos fantasmas de sábana existieran, tuvieran masa y quisieran atravesar una pared. Se acercarían caminando hasta que chocaran con ella, y ejercerían una fuerza sobre ella. La pared, por tanto, reaccionaría a esta fuerza de la colisión (acción) con una fuerza idéntica pero en sentido contrario (reacción), y el fantasma se detendría de golpe, al notar que la fuerza que ha hecho al chocar contra la pared se ve compensada por la que hace la pared sobre él. Por tanto, no podría atravesar la pared, sólo conseguiría un buen chichón... En las películas, las paredes que atraviesan los fantasmas no pueden ser de ladrillos, no pueden ser sólidas, porque las moléculas de este tipo de paredes siempre reaccionarán a la colisión del fantasma, impidiendo que avancen. Por lo tanto, o las paredes son de aire, o bien los fantasmas no tienen masa. Pero, si no tuvieran masa, la luz no se reflejaría en ellos, y por tanto no los veríamos... En conclusión, los fantasmas de las pelis no existen. Los otros, más humanos, sí existen y ya sabemos que no pueden atravesar paredes.

62 / 100

¿QUÉ ES LA MASA?

En ciencia, y concretamente en el ámbito de la física, la masa no es la base donde el panadero pone las aceitunas, el atún y la *mozzarella* para hacer una pizza... Tampoco es ningún señor que cuando se enfada se pone de color verde, como el increíble Hulk... La masa es una de las magnitudes fundamentales de la física, de gran importancia, y aunque en principio todo el mundo sabe de forma intuitiva qué es la masa, el concepto es más complejo de lo que pensamos. Se trata de un índice, es decir, de un numerito que nos informa del grado de resistencia que tiene un cuerpo a ser acelerado. Cuanta más masa tiene un cuerpo, más cuesta acelerarlo. Cotidianamente, se utilizan índices de todo tipo. La nota de un examen es un índice, por ejemplo, que va de 0 a 10. Un 0 indica que el alumno no tiene ni idea. Un 10, que sabe mucho. Un 5, que sabe, pero que tiene todavía muchas carencias... El Ibex-35 es otro índice, que en este caso nos informa de la cotización en la bolsa de un determinado número de empresas españolas. La temperatura es otro índice, que nos informa del grado energético de las moléculas del aire. Y así muchísimos otros. La masa, pues, es un numerito que nos dice si a un cuerpo le cuesta mucho o poco ser acelerado. Si a una hormiga y a un elefante les ejercemos una misma fuerza, es evidente que el elefante puede que ni se mueva, o lo haga muy lentamente, mientras que la hormiga se moverá con facilidad, y de manera muy rápida.

Durante muchos siglos, la masa se ha llamado *coeficiente de inercia*, y es que la masa está muy relacionada con el concepto de *inercia*. Cuanta más masa tenga un cuerpo, más tenderá a estar en el estado de movimiento en que se encuentra, pues cuanta más masa, más fuerza tendremos que hacer para acelerarlo y cambiarle el estado de reposo.

Así, por ejemplo, si aplicamos una fuerza idéntica a una hormiga y a un elefante, la hormiga se acelerará y se moverá antes que el elefante porque tiene menos masa. La fuerza que ejerce la Tierra sobre una pelota es la fuerza gravitatoria, y es exactamente la misma que hace la pelota sobre la Tierra, pero en sentido contrario, tal como establece la ley de la gravitación universal de Newton. Pero si las fuerzas son iguales, ¿por qué es la pelota la que acaba moviéndose y cayendo hacia el suelo, y no la Tierra la que sube hacia la pelota? Pues porque cuanta más masa, más resistencia a moverse… Y la Tierra es millones de millones más masiva que un balón. Le cuesta mucho más acelerarse que a la pelota…, ¡por suerte!

63 / 100

¿QUÉ LLEGA ANTES AL SUELO, UNA PELOTA DE 1 kg O UNA DE 100 kg?

Uno de los experimentos que hicieron Neil Armstrong y Edwin Aldrin al pisar por primera vez la Luna fue soltar desde una misma altura una pluma de ave y una piedra y comprobar que los dos cuerpos llegaban al mismo tiempo a la superficie lunar. En ausencia de aire, no hay fuerza de rozamiento y sobre los objetos sólo actúa la fuerza de atracción gravitatoria. La aceleración a la que están sometidas tanto la pluma como la piedra es la misma. O, desde otro punto de vista, la energía que tienen los dos objetos inicialmente es la misma (energía potencial gravitatoria), y como no hay rozamiento con el aire esta energía es la misma en todo el recorrido de los dos cuerpos. Al llegar al suelo tienen también la misma energía (la potencial se ha transformado en cinética), y por tanto la misma velocidad. Han llegado al suelo en el mismo instante.

En la Tierra, si soltamos dos pelotas idénticas pero una de 100 kg y la otra de 1 kg desde la misma altura, llegarán al suelo al mismo tiempo siempre que tengan la misma resistencia con el aire. Ahora bien, si son diferentes (con diferente aerodinámica), el aire frenará más a una que a la otra, de manera que habrá una que llegará antes.

Pero mejor experimentarlo, ¿no? Si tomamos dos hojas de papel podemos comprobar todo esto. Con una de las hojas hacemos una bola de papel y dejamos caer desde una misma altura los dos papeles, que tienen la misma masa. Evidentemente, observaremos que llega antes el papel hecho una bola que el papel sin doblar, ya que este último presenta una mayor resistencia al aire (sin embargo, si los lanzáramos en la Luna o en una cámara de vacío llegarían al mismo tiempo). Ahora hacemos una bola de papel con la otra hoja y dejamos caer las dos bolas de papel desde la misma altura. Los dos papeles siguen teniendo la misma masa que antes, pero ahora observaremos que llegan al suelo al mismo tiempo.

Si ahora envolvemos en una de las bolas tres o cuatro capas de papel, pero manteniendo la forma, y repetimos la experiencia, nos acabaremos de convencer de que la caída de los cuerpos depende de la forma que tienen, pero no de la masa.

64 / 100

¿CRECEN SIEMPRE IGUAL LOS PELOS DE LA BARBA?

Siempre se ha dicho que cuanto más se afeita una barba más rápido y con más fuerza crecen sus pelos, y que cuando hace unos días que una barba no se afeita los pelos crecen más lentamente. La ciencia no se basa en sensaciones o intuiciones, aunque buena parte de las investigaciones se inician así, con intuiciones e hipótesis. Con la intuición de que los pelos de una barba seguían este patrón de crecimiento, dirigí el trabajo de investigación del final del bachillerato de Xavier Ros, un alumno de 17 años con una barba y una personalidad muy maduras. Nos planteamos si el hecho intuitivo de que los pelos de la barba crecen inicialmente con mucha fuerza y a medida que van creciendo disminuyen el ritmo de crecimiento era cierto o simplemente una sensación. Durante el año y medio que duró el estudio no hacíamos más que fijarnos en la barba de la gente de nuestro entorno: compañeros de trabajo, alumnos, gente de la calle, nuestros padres, algunas señoras... Gracias a estas casi obsesivas y enfermizas observaciones nos dimos cuenta de que no hay dos barbas iguales. Hay individuos a quienes les crece más en una zona que en otra. Otros que, como dice la canción de Milikito, sólo tienen tres pelos. Otras tienen un crecimiento muy heterogéneo. Los hay a quienes les crece por todas partes de forma similar, de forma muy homogénea.

La experiencia nos decía que el crecimiento de la barba debía seguir un crecimiento no lineal. Esta intuición era corroborada por diferentes hombres con los que hablamos a lo largo del estudio: a medida que pasan los días, la barba crece con menos fuerza, mientras que los primeros días después del afeitado los pelos salen con mucha fuerza, crecen rápido.

Antes de dar a conocer la respuesta a la cuestión que nos ocupa, hay que saber qué es un pelo y por qué y cómo crece. El pelo es una parte viva del organismo consistente en un filamento formado por una sustancia llamada *queratina*, una proteína que tiene la función de proteger la piel ante alteraciones del ambiente. El pelo está constituido por una raíz y un tallo que se forman en un folículo especializado, situado en la epidermis. El desarrollo del pelo pasa por dos fases: la anagénica, o fase de crecimiento activo, y la telogénica, o de reposo. El ritmo de crecimiento del pelo varía dependiendo de la zona donde esté situado. Mientras que el pelo de la cabeza crece de promedio 1 mm cada 3 días, las pestañas crecen muy lentamente. El folículo piloso es el bulbo responsable del crecimiento, y se encuentra situado en el extremo inferior de la dermis.

La glándula sebácea, situada en la epidermis, alimenta el pelo, dándole la energía necesaria para el crecimiento. A medida que éste crece, los nutrientes aportados por esta glándula (en número constante) se reparten en un volumen mayor, dado que el pelo tiene más longitud y esto puede ralentizar el crecimiento. Pero una cuestión clave es el hecho de que a medida que el pelo crece lo hace también su masa, de forma que tiene más inercia y le cuesta más crecer. El pelo ralentiza su movimiento, como lo haría un carro del supermercado al que empujamos con una fuerza constante y al que vamos cargando con más y más productos. Cada vez tiene más masa, y no podrá mantener la velocidad inicial, se ralentizará. De forma análoga, el ritmo de crecimiento del pelo debe disminuir a medida que el pelo se alarga, dado el incremento de masa de éste y el ritmo constante de alimentación de la glándula sebácea.

65 / 100

¿ME PONE 19,6 *NEWTONS* DE MANZANAS, POR FAVOR?

No lo intentéis pedir en vuestra frutería, por mucha confianza que tengáis con la dependienta o el dependiente, pues os mirará con cara muy extraña y os enviará a ver al médico..., o quién sabe, quizás cree que deseas llamar su atención y ligar con ella o él... En el fondo, estás hablando con propiedad cuando pides el peso de las manzanas en *newtons* (N) y no en kilogramos (kg). Y es que entre masa y peso hay una gran diferencia. Son conceptos relacionados, pero diferentes. El primero, la masa, ya hemos dicho que es un índice que nos informa de la dificultad de un cuerpo a ser acelerado, y se expresa en kilogramos en el sistema de medidas internacional. El segundo, el peso, es la fuerza con que la Tierra, o cualquier otro planeta, atrae a los cuerpos hacia el centro de este planeta. De modo que el peso, como fuerza que es, se expresa en unidades de fuerza. En el sistema internacional de unidades, el *newton* (N).

Entre el peso (P) y la masa (m) hay una estrecha relación. Cuanta más masa tiene un cuerpo, mayor es la fuerza con que la Tierra, o cualquier otro planeta, lo atrae. Y a la inversa, cuanto menor es un cuerpo, más pequeña es la fuerza con que es atraído por la Tierra. La relación matemática entre estas dos magnitudes físicas es sencilla: $P = m \times g$.

El peso de un cuerpo, P, se calcula multiplicando la masa de éste, m, por la aceleración de la gravedad del planeta en que se encuentra, g. En el caso de la superficie terrestre, $g = 9,8$ m/s^2. Así pues, 2 kilogramos de manzanas tienen una masa de 2 kilogramos y un peso de $2 \times 9,8 = 19,6$ N. El autor de este libro tiene una masa de unos 70 kg y un peso de $70 \times 9,8 = 686$ N.

Socialmente se ha asociado el peso a la unidad de la masa, por lo que es corriente y aceptado que se exprese el peso, que es una fuerza, en kilogramos, que es la unidad de la masa. Pero sólo socialmente, no creáis, porque en el campo de las ciencias es un pecado capital confundir los dos términos.

66 / 100

¿MMA EN LUGAR DE PMA?

Si nos fijamos en la inscripción de la puerta de algunos camiones y furgonetas (sí, seguramente estaréis pensando que soy un *freaky*, pero cada uno se distrae como quiere, ¿no?), podremos diferenciar dos siglas seguidas de un número. Hasta no hace muchos años, las siglas MMA (Masa Máxima Autorizada) eran expresadas como PMA (Peso Máximo Autorizado). Dado que la unidad de la cifra correspondiente a esta variable es el kilogramo, el término correcto es el de masa máxima autorizada (MMA) y no peso máximo autorizado (PMA). Resulta curioso observar cómo los camiones y furgonetas más antiguos mantienen todavía el PMA y las más modernas, el MMA.

Un camión en cuya puerta conste la inscripción MMA 10.000 kg, significa que la masa máxima que puede transportar es ésta, 10.000 kg. En algunos camiones, sin embargo, todavía podemos leer PMA 10.000 kg, y eso no es correcto. Si en la puerta se lee PMA, el valor que debería aparecer es el peso máximo autorizado, y no la masa. En este caso, para ser coherente, a continuación de PMA debería constar la cifra de 98.000, que son los *newtons* de fuerza que es capaz de transportar el camión, en vez de 10.000 kg de masa.

Y es que, ¿veis como peso y masa no son lo mismo…?

67 / 100

¿QUÉ MASA TIENE UN CUERPO EN LA LUNA SI EN LA TIERRA TIENE UNA MASA DE 10 kg?

Pues exactamente la misma, ya que la masa, como se ha razonado en las cuestiones anteriores, es un índice invariable cuando se encuentra en reposo, lo que da idea del grado de dificultad que tiene un cuerpo para cambiar su estado de movimiento.

En la Tierra son 10 kg, y en la Luna y en cualquier rincón del Universo también serán 10 kg. Lo que sí cambiará será su peso, dependiendo de la intensidad del campo gravitatorio al que esté sometido. Así, este cuerpo tiene un peso de 98 N en la superficie terrestre (donde la aceleración de la gravedad es de 9,8 m/s^2), aproximadamente 17 N en la Luna (donde la gravedad es aproximadamente 1,7 m/s^2) y 37 N en Marte (donde la aceleración de la gravedad es de 3,7 m/s^2).

El peso depende, pues, del valor de la aceleración de la gravedad, y ésta va cambiando de planeta en planeta. Pero también dentro de la misma Tierra la aceleración de la gravedad varía de un lugar a otro, y por tanto una misma masa tiene diferente valor de peso en diferentes zonas. La aceleración con que la fuerza de la gravedad atrae a los cuerpos es inversamente proporcional al cuadrado de la distancia hasta la superficie. Si sobre la superficie el valor de la aceleración tiene un valor promedio de 9,81 m/s^2, en la cima del Everest, a casi 10 km de altura, la gravedad prácticamente no varía, y es del orden de 9,80 m/s^2. A 100 km de altura disminuye hasta los 9,50 m/s^2, y a 1.000 kilómetros de altura, donde orbitan algunos satélites artificiales, la aceleración se reduce a 7,34 m/s^2. A 10.000 kilómetros, el valor de la gravedad ya es de 1,49 m/s^2, y a la altura del satélite Meteosat, a 36.000 kilómetros de la superficie terrestre, se reduce a poco más de 0,7 m/s^2.

La masa de un cuerpo, sin embargo, sí cambia de valor a medida que se acerca a la velocidad de la luz. Cuanta más velocidad tiene un cuerpo, más aumenta su masa, hasta el límite que se convierte en infinita cuando se acerca a los 300.000 km/s, la velocidad de la luz. Por esta razón es imposible que un cuerpo alcance la velocidad de la luz: su masa aumenta, y así su resistencia a ser acelerada, y por tanto se necesita cada vez más energía para mantener la velocidad del cuerpo. A casi la velocidad de la luz, la masa es tan grande que sería necesaria una energía infinita para mantener la velocidad. Ésta es la razón por la que sólo los cuerpos que no tienen masa, como los fotones, pueden viajar a la velocidad de la luz.

68 / 100

SI EL AUTOBÚS ACELERA HACIA ADELANTE, ¿POR QUÉ NUESTRA CABEZA SE VA HACIA ATRÁS?

Ya hemos dicho que la masa es una forma de indicar la resistencia de un cuerpo a ser acelerado, de cambiar su estado de movimiento. De modo que un cuerpo, que siempre tiene masa, presenta siempre una cierta oposición a variar su estado de movimiento o de reposo. Y un buen ejemplo para experimentar este hecho es observar qué pasa con nuestra cabeza cuando el autobús arranca después de detenerse en una parada para subir pasajeros. Imaginemos que estamos sentados. Cuando el autobús acelera hacia adelante debido a la fuerza que ejerce el motor, notamos que nuestra cabeza se va hacia atrás, aunque la fuerza del autobús va hacia adelante. Pero en realidad nuestra cabeza no se va hacia atrás. Lo que sucede es que nuestro cuerpo se va hacia adelante, como el autobús. Nuestro culo está en contacto con el asiento, y éste con el chasis del autobús, que se va hacia adelante. Nuestro culo, por tanto, junto con el asiento, acelera hacia adelante y arrastra nuestro cuerpo hacia adelante. Pero la cabeza, que no está en contacto con el asiento (aunque siempre hay quien aprovecha para estirarse y acurrucar la cabeza en un asiento, ocupando dos asientos, sobre todo en el tren...), no nota esta aceleración de forma inmediata, y tiende a estar en el estado de reposo en que se encontraba antes de acelerar. Si nuestro cuerpo se va hacia adelante y nuestra cabeza tiende a seguir en el estado de reposo en que se encontraba antes de acelerar, lo que notamos es que es la cabeza la que se va hacia atrás. Pero por suerte la cabeza está conectada con el cuerpo a través del cuello, y casi instantáneamente la cabeza se va hacia adelante siguiendo el cuerpo, y el autobús. Mal iría si no fuera así.

Así pues, es el cuerpo el que se va hacia adelante arrastrando la cabeza, que en un principio tiende a estar quieta, lo que hace que tengamos la sensación de que la cabeza se nos va hacia atrás. Para acabar de estar convencidos, podemos observar qué hace la cabeza de las personas que van dentro del autobús cuando éste acelera, pero ahora observándolo desde el suelo, desde la parada del autobús. Veremos que, al arrancar y acelerar el autobús, la cabeza de las personas se va hacia adelante, sin hacer ningún retroceso. Como casi siempre, todo depende del sistema de referencia para ver las cosas.

69 / 100

ATAOS BIEN EL CINTURÓN DE SEGURIDAD CUANDO SUBÁIS AL COCHE...

No tengo ningún convenio con la Dirección General de Tráfico para ir dando estos mensajes..., pero lo cierto es que una colisión o un frenazo brusco, aunque la velocidad nos pueda parecer lenta, pueden hacernos mucho daño. Y la razón está en que los humanos, como todos los cuerpos de este Universo, tenemos masa. Cuando circulamos en coche, nuestro cuerpo se mueve a la misma velocidad que el vehículo. Una frenada brusca o una colisión hacen detener el coche de golpe, pero no nuestro cuerpo, que tenderá a seguir en el estado de movimiento en que se encontraba, en este caso a seguir en línea recta. Pero nuestro coche se ha parado de golpe, y enseguida el cristal y nuestra cabeza se encontrarán, y de forma muy violenta. Para que no se encuentren, la única solución es que un cinturón lo evite, y en caso de colisión o frenada brusca detenga nuestro cuerpo para que no siga adelante.

Podemos hacer un pequeño cálculo que ilustre esto que estamos diciendo. Supongamos que un coche de 800 kg circula por cualquier carretera o autopista a 80 km/h. Su energía (cinética) es de 197.136 J. Supongamos que, fruto de un choque frontal, se detiene de golpe. Si el conductor no llevara el cinturón abrochado, las consecuencias del impacto con el cristal y con el obstáculo que ha chocado serían las mismas que las generadas al caer desde una altura de algo más de 24 metros y medio (esto equivale aproximadamente a un edificio de ocho pisos). Si en vez de a 80 km/h la colisión se hubiera producido a 120 km/h, las consecuencias serían similares a una caída desde 55 metros y medio (aproximadamente dieciocho pisos).

La reflexión es, pues, evidente. Primero, abrocharse el cinturón para evitar la colisión fruto de la inercia del cuerpo. En segundo lugar, moderar la velocidad. En un recorrido metropolitano de, por ejemplo, 20 km, se tardan 15 minutos yendo a 80 km/h, y 10 minutos si se va a 120 km/h. En caso de accidente, el impacto a 80 km/h es equivalente a una caída de ocho pisos, mientras que a 120 km/h la caída es de diez pisos más arriba. Todo por 5 minutos. Además, contaminamos menos yendo a 80 km/h y ahorramos combustible.

70 / 100

SI EL COCHE GIRA A LA IZQUIERDA, ¿POR QUÉ TENDIMOS A IRNOS HACIA LA DERECHA? (¡LA FUERZA CENTRÍFUGA NO EXISTE!)

Sí, ya lo dice bien el paréntesis, la fuerza centrífuga no existe, aunque nos dé la sensación de que sí existe, sobre todo cuando vamos a un parque de atracciones, ¿verdad? Imaginemos que vamos en coche y giramos una curva a la izquierda. Notaremos que, efectivamente, el vehículo gira hacia la izquierda, pero nosotros tenemos la sensación de ser expulsados hacia la derecha, y argumentamos que sobre nosotros aparece una fuerza centrífuga, que nos expulsa en sentido contrario al sentido de giro de la curva. Pero, como decíamos al principio, esta fuerza centrífuga es ficticia, no existe. Lo que existe realmente es una fuerza que hace que el coche gire, y que por tanto hace que el vehículo tienda a ir hacia el centro de la curva a medida que circula. Esta fuerza se llama *fuerza centrípeta*. Pero analicemos bien por qué es así. Inicialmente el coche circulaba en línea recta. Al girar el volante hacia la izquierda, el coche tenderá a seguir en línea recta, porque tiene masa y, como ya sabemos de las cuestiones anteriores, la masa es una medida de la inercia que tiene un cuerpo a cambiar su estado de movimiento. La fuerza de rozamiento de los neumáticos con el asfalto evita que el coche siga en trayectoria rectilínea y hace que gire hacia la izquierda. Y, claro, lo hace el coche y todo lo que está en contacto con él, como el culo de los ocupantes, que también gira hacia la izquierda, pero no así la cabeza y el tronco, que tienden a seguir en línea recta. Suerte que la cabeza está conectada con el tronco, y éste con el culo, y acaban acompañándolo en su giro. La sensación que se percibe entonces es que los ocupantes del vehículo tienden a irse hacia la derecha, pero en realidad todo gira hacia la izquierda, excepto la cabeza y el tronco de los ocupantes, que tienden a seguir en línea recta. El cristal derecho se acera al tronco y la cabeza, aunque en realidad están girando con el vehículo, mientras que el tronco y la cabeza tienden a seguir en línea recta.

No existe ninguna fuerza que nos haga ir hacia el sentido contrario del giro del coche, y por tanto no actúa sobre nosotros ninguna fuerza centrífuga. En cambio, si el coche gira es porque la fuerza de rozamiento entre los neumáticos y el suelo puede aguantar (tirar) del coche y evitar que siga en línea recta, que es lo que tiene tendencia a hacer.

Nuevamente, para acabar de estar convencidos, observemos desde la cuneta hacia dónde tienden a moverse los ocupantes de un coche mientras gira una curva... Efectivamente, se mueven siguiendo la curva, y no en sentido contrario.

71 / 100

¿POR QUÉ LOS CICLISTAS NOVELES CIRCULAN HACIENDO "ESES"?

Supongamos que después de muchos intentos un ciclista novato consigue circular con su bicicleta en línea recta. Yo recuerdo cuando me pasó a mí. Mi padre me sacó las dos ruedas auxiliares traseras, que mantenían la estabilidad de la bici, y me aguantaba por el asiento mientras pedaleaba. Sin que me diera cuenta, me soltó y fui solo unos metros… No me caí, pero choqué con un muro después de haber ido haciendo eses. El camino se me hacía pequeño, e iba de lado a lado…

En general, el nerviosismo y la falta de pericia harán tender a caer hacia un lado al ciclista novel. Supongamos que sea el lado izquierdo. Instintivamente, lo que hace es dar con más fuerza a los pedales y girar el volante hacia la izquierda, hacia el mismo sentido hacia donde tiende a caer… No se trata de ningún acto suicida masoquista, todo lo contrario. Al dar más fuerza a los pedales, se consigue ganar velocidad, y al girar el volante hacia el mismo sentido, que aumente la aceleración centrípeta de la bicicleta, y así la centrífuga del ciclista, que tiende a irse hacia el lado derecho, volviendo a tomar el equilibrio de su máquina. Seguramente el impulso dado, sin embargo, no será el justo para ponerlo en línea recta y lo hará ahora tender a caer hacia el lado derecho. Entonces, sin pensar ni en empujones ni en fuerzas centrífugas ni centrípetas, volverá a dar impulso con los pedales y a girar el volante hacia la derecha, equilibrando nuevamente la bici momentáneamente. Esta manera de actuar hace que el ciclista novel vaya haciendo eses, y que la calzada se le haga estrecha… Como veis, la razón de las eses de los ciclistas novatos es puramente física, muy diferente de la razón de las eses de los conductores bebidos, que es más bien bioquímica.

72 / 100

¿POR QUÉ ES TAN FÁCIL AGUANTAR EL EQUILIBRIO DE UNA ESCOBA PUESTA VERTICALMENTE SOBRE UN DEDO?

No hay que ser muy hábil para aguantar un palo de escoba verticalmente sobre un dedo de la mano. Lo primero que sucederá al hacerlo es que este palo tenderá a caer hacia un lado. Pero, como la mayor parte de la masa está en la parte superior, presenta un movimiento de caída lento, ya que tiene una cierta resistencia a cambiar su estado de movimiento o de reposo. El movimiento de caída no será instantáneo, sino que se hará lentamente, de forma que podemos apreciar fácilmente hacia qué lado caerá y corregir la posición del dedo que apoya el palo de la escoba, y así la caída. Es decir, si el palo tiende a caer hacia la izquierda, tenemos tiempo de corregir el movimiento de caída, mover el dedo hacia la izquierda y reequilibrar la posición vertical de la escoba. Si cae hacia adelante tenemos tiempo suficiente para corregir la posición del dedo rápidamente hacia adelante, y evitar así la caída. Y así en todas las direcciones.

Si no lo habéis intentado nunca, probadlo... Ya veréis que os saldrá la mar de bien.

73 / 100

¿POR QUÉ NO SE CAEN LOS FUNÁMBULOS? ¿POR QUÉ LLEVAN CONSIGO UNA BARRA LARGA, O BIEN ESTIRAN LOS BRAZOS EN CRUZ PARA AGUANTAR EL EQUILIBRIO?

Seguramente habréis visto alguna vez cómo una persona camina por una cuerda suspendida a metros del suelo. Lo hacen lentamente, con pasos muy cortos, y con una gran barra sustentada en sus manos, colocada de forma horizontal. Si el equilibrista intentara caminar por la cuerda sin esta barra entre las manos, el más pequeño desequilibrio lo haría caer rápidamente. El equilibrista no tendría tiempo de reaccionar a los muchos falsos movimientos que hace mientras camina por la cuerda, y rápidamente caería. Al sustentar entre las manos una larga barra puesta de forma horizontal, el momento de inercia del equilibrista aumenta, ya que aleja del centro de giro su masa y la de la barra (que son las que tienen tendencia a girar). Al alejar la masa del centro de giro, se incrementa la resistencia a girar. Así, la caída después de un falso movimiento se realiza de una forma más lenta, y el equilibrista tiene tiempo para reaccionar y rectificar el movimiento.

Es el mismo principio que hace que los niños y las niñas, cuando caminan jugando por el borde de la acera manteniendo el equilibrio, estiren los brazos al estilo de Leonardo DiCaprio en la película *Titanic*... Con esta postura de brazos en cruz aguantan mejor el equilibrio, ya que hacen que la masa del cuerpo se reparta lo más lejos posible del centro de giro, que en este caso es el tronco. Así, cuando pierden momentáneamente el equilibrio la caída se inicia más lentamente que si tuvieran los brazos caídos junto al tronco y tienen tiempo de rectificar. La rectificación se hace tendiendo a intensificar la caída, es decir, forzando la caída, porque así el cuerpo adquiere una aceleración centrípeta que hace que el cuerpo tienda a salir en la dirección tangente, hacia arriba, y tienda a ganar nuevamente la verticalidad. Es el mismo motivo por el que los ciclistas novatos circulan haciendo eses.

74 / 100

¿QUÉ ES LA CANTIDAD DE MOVIMIENTO DE UN CUERPO?

¿Qué sería más destructivo, la colisión contra una pared de un petrolero de 10 toneladas que se desplaza a una velocidad de 1 centímetro por segundo, o la de una mosca supersónica de 10 gramos de masa que vuela a la velocidad del sonido, 340 metros por segundo? Para responder a esta cuestión, es útil calcular la cantidad de masa que está en movimiento, a través de una magnitud muy útil en física, denominada *cantidad de movimiento* (o también *momento lineal*). Se define como el producto de la masa por la velocidad y nos da idea de la velocidad con que una determinada masa se desplaza. La variación de esta magnitud con el tiempo es equivalente a la fuerza que se ejerce sobre esta masa para modificar su velocidad.

Así pues, la cantidad de movimiento del petrolero resulta ser el producto de la masa (10.000 kg) por su velocidad (1 cm/s, en el sistema internacional 0,01 m/s), es decir 100 kg x m/s. En el caso de la mosca supersónica, el producto de su masa (0,01 kg) por su velocidad (340 m/s) da una cantidad de movimiento de 3,4 kg x m/s. Es decir, que la cantidad de movimiento del transatlántico, aunque se desplace a una velocidad muy pequeña, tiene una gran masa, y casi cien veces más cantidad de movimiento que la de la mosca supersónica, que, aunque se desplaza a una velocidad muy alta, su masa es muy pequeña.

Resulta curioso que, a partir de la definición de la cantidad de movimiento, muchos procesos físicos de la naturaleza se producen manteniendo constante esta magnitud. La variación de la cantidad de movimiento con el paso del tiempo es equivalente a la fuerza que se ejerce sobre un cuerpo. De modo que, si sobre un cuerpo no actúa ninguna fuerza, o bien la fuerza resultante que actúa es nula, no hay variación de la cantidad de movimiento sobre el cuerpo, se mantiene constante. Esto es lo que dice el principio de conservación de la cantidad de movimiento, y explica muchos fenómenos de la física.

Por ejemplo, seguramente habréis notado que, al abrir el grifo de la ducha, se va hacia atrás. Esto es así porque la cantidad de movimiento del grifo de la ducha antes de abrir el agua es nula, pues no tiene velocidad. Al abrir el agua, ésta sale a presión, a una velocidad considerablemente alta, y por tanto sobre el sistema grifo-agua aparece una cantidad de movimiento, que se compensará para que globalmente tenga el valor que tenía inicialmente, es decir, cero. Por eso, sobre el grifo aparece una velocidad que lo hace ir hacia atrás y compensar así la velocidad de la masa de agua que sale adelante.

Las sepias y los calamares también aprovechan esta ley física para impulsarse en el mar. Inyectan hacia atrás un haz de agua a una determinada velocidad. La respuesta es una velocidad hacia adelante, ya que, si inicialmente la velocidad del calamar es cero, al impulsar un haz de agua hacia atrás aparece una cantidad de movimiento hacia atrás, y como globalmente debe ser cero, debe aparecer una velocidad hacia delante. Cuanto mayor sea la velocidad con la que inyecta el agua hacia atrás, más rápida será la velocidad de desplazamiento del calamar. Sus primas hermanas sepias proceden igual.

75 / 100

¿POR QUÉ DESPEGAN LOS COHETES, SI NO TIENEN ALAS?

Cuando sobre un cuerpo no actúa ninguna fuerza, entonces la variación de la cantidad de movimiento es cero y, tal como se ha argumentado en la cuestión precedente, la cantidad de movimiento se mantiene constante durante un cierto proceso físico. En un cohete, inicialmente la cantidad de movimiento es cero, porque está parado. Cuando el cohete inicia su despegue, los motores empiezan a quemar el combustible e inyectar hacia abajo gases a gran velocidad. Millones y millones de moléculas son expulsadas a una velocidad muy elevada hacia el suelo. Estas moléculas adquieren una velocidad muy elevada y, como tienen masa, aparece una cantidad de movimiento dirigida hacia abajo. Una sola molécula tiene poca cantidad de movimiento porque tiene muy poca masa, a pesar de la gran velocidad que adquiere (del orden de decenas de kilómetros por segundo), pero el conjunto de millones y millones de moléculas que son expulsadas por los motores del cohete sí genera una cantidad de movimiento de un valor elevado. Dado que esta magnitud se debe mantener constante, la reacción a la cantidad de movimiento de las moléculas de los gases inyectados a gran velocidad hacia abajo es la aparición de una cantidad de movimiento vertical hacia arriba, del mismo valor. Como la masa del cohete es muy grande, la velocidad de salida será pequeña, pero el producto de la masa y la velocidad (la cantidad de movimiento) será el mismo que el de los gases.

76 / 100

¿CÓMO SE IMPULSA UN AVIÓN?

Para que un avión vuele, es necesario que adquiera una cierta velocidad, y así la velocidad del aire que circula por encima de las alas sea superior a la de la parte de abajo (como se razona en la pregunta 53). Las turbinas a reacción situadas bajo las alas son las responsables de dar velocidad al avión. En éstas se quema combustible y expulsan hacia atrás el aire a gran velocidad. Millones y millones de moléculas de aire y gases de la combustión son expulsadas a gran velocidad hacia atrás, generando así una cantidad de movimiento hacia atrás, que se compensará para que sea cero, el valor que tenía la cantidad de movimiento antes de iniciar la carrera de despegue, y la que debe tener en cualquier momento. Por tanto, como la cantidad de movimiento total debe ser cero, la salida de gases a gran velocidad hacia atrás por la turbina de reacción se ve compensada por la aparición de una cantidad de movimiento sobre el avión hacia adelante, y así el avión adquiere un impulso hacia adelante.

Las hélices de las avionetas hacen la misma función que las turbinas de reacción de los aviones, pero sin que haya combustión y expulsión de aire y gases hacia atrás. Su diseño hace que, cuando se ponen a girar, chupen el aire que tienen ante sí y lo expulsen hacia atrás a gran velocidad. Así aparece una cantidad de movimiento en sentido contrario al avance de la avioneta. Sobre ésta aparece otra cantidad de movimiento hacia adelante, y así una velocidad sobre la avioneta que la acabará haciendo despegar.

77 / 100

¿TIENE SENTIDO MANIPULAR EL TUBO DE ESCAPE DE UNA MOTO, PARA QUE ASÍ CORRA MÁS?

Entre un sector de los adolescentes y jóvenes conductores de determinado tipo de motos de baja cilindrada se ha extendido la práctica de cambiar y trucar el tubo de escape para que sus motos puedan correr más, aparte de ir más a la moda. Cuando era adolescente y mis compañeros de instituto que circulaban con estas motos cambiaban el tubo de escape con este objetivo, yo me reía, no me lo creía. Pero mi sorpresa vino cuando, años más tarde, comprendí el principio de conservación de la cantidad de movimiento y me di cuenta de que esta práctica de sustituir el tubo de escape por otro más estrecho puede hacer realmente que las motos corran algo más. Algunos tubos de escape son tan estrechos en su tramo final que aceleran mucho la salida de los gases del motor de estas motos, y por lo tanto hacen que la cantidad de movimiento sobre los gases de salida se incremente y, de rebote, compensan este incremento sobre la moto. El aumento de la velocidad es ligero, como máximo entre los 3 y los 5 km/h, poca cosa, pero suficiente para poder ganar un poco más de aceleración en la salida y avanzar a los compañeros y las compañeras.

El efecto secundario de esta práctica la notamos el resto de ciudadanos, con un incremento de la contaminación sonora. Generalmente, la modificación de los tubos de escape de las motos altera de una forma importante la salida de los gases, y aumenta el ruido y la molestia a los ciudadanos. Y esto, en muchos municipios, es multa.

78 / 100

¿QUÉ ES LA ENERGÍA? ¿ES CIERTO QUE NI SE CREA NI SE DESTRUYE, QUE SÓLO SE TRANSFORMA?

El concepto de *energía* es uno de los más importantes y útiles de la física, y de la ciencia en general, pero en cambio es uno de los menos claros. En el fondo no tenemos ni idea de qué es la energía. Decimos que los cuerpos tienen energía, y de forma intuitiva entendemos lo que quiere decir, pero entender realmente qué es lo que tienen los cuerpos cuando decimos que tienen energía no está claro del todo. Bajo la palabra *energía* se esconde mucha de nuestra ignorancia para entender realmente algunos procesos físicos.

De energía, todo el mundo habla, e incluso a veces de energías muy estrambóticas: energía eólica, energía atómica, energía fotovoltaica, energía térmica, energía química, energía silúrica, energía orgásmica, energía positiva, energía de los alimentos... Pero en el fondo sólo existen dos tipos de energía, la relacionada con la velocidad, llamada *energía cinética*, y el resto, a la que llamamos *energía potencial* (*elástica* si proviene de un muelle, *gravitatoria* si proviene de la ganancia de altura, *eléctrica* si proviene del potencial eléctrico, *química* si proviene de una reacción química, etc.).

Una definición sencilla y muy simplificada es aquella según la cual la energía es la capacidad que tiene un cuerpo para realizar un trabajo. Cuando un cuerpo circula a una determinada velocidad, tiene la capacidad de hacer un trabajo: la energía provoca un desplazamiento del cuerpo y, si choca, deforma el parachoques, por ejemplo. Cuando una piedra se encuentra encima de un edificio a una determinada altura, tiene energía potencial gravitatoria, porque la piedra tiene capacidad para hacer un trabajo: si cae, adquiere velocidad, cuando toca el suelo puede hacer un chichón en la cabeza de alguien, puede remover las aguas de un estanque, etc.

La energía mecánica de un cuerpo (la suma de todas las energías que tiene, cinética y potencial) o de un sistema de partículas se conserva, es decir, se mantiene siempre con el mismo valor y se transforma en otros tipos. Es lo que seguramente habremos oído alguna vez: la energía ni se crea ni se destruye, se transforma. A veces, sin embargo, cuesta ver en qué se ha transformado la energía de un cuerpo, pero sin duda se ha transformado en algún otro tipo de energía. Por ejemplo, cuando chutamos un balón le hemos comunicado energía cinética, proveniente de la fuerza de nuestra pierna. El balón comienza a rodar por el suelo, y a una cierta distancia se detiene. Entonces su energía es cero. Pero, ¿dónde ha ido la energía que tenía inicialmente? ¿No decíamos que la energía debe mantenerse constante? Pues parte de la energía que hemos dado a la pelota se ha invertido en deformar momentáneamente la goma o el cuero del balón, otra parte en ruido (consecuencia de hacer vibrar las moléculas del aire), y una parte se ha transformado en calor por el rozamiento de la pelota con el suelo, y el aire. Si sumáramos todas estas energías, obtendríamos el valor inicial de la energía mecánica. Y, ¿de dónde viene la energía que nos ha permitido chutar el balón? Pues de los alimentos, del bocadillo de jamón que el futbolista se ha comido hace un rato. Su estómago deshace alimentos, rompe los enlaces de estos alimentos y los transforma en azúcares y otras sustancias que alimentan las células de su organismo. Pero, ¿de dónde proviene la energía que había acumulada en los enlaces del pan y el jamón? El pan se ha elaborado a partir de la harina, y ésta del trigo. El crecimiento del trigo se ha conseguido fundamentalmente a través de la energía del Sol. Igual ocurre con el jamón. El cerdo ha engordado comiendo alimentos que han sido producidos fundamentalmente a través de la energía del Sol. Por lo tanto, la energía del bocadillo en el fondo proviene del Sol. La energía que se obtiene del bocadillo se transforma en calor (calor metabólico del organismo, el calor mínimo de cualquier persona viva) que se libera en el entorno, al mover los músculos de las piernas y los pies, entre otros, y que permite al futbolista chutar el balón con fuerza. La energía del Sol es, pues, la responsable de mover el mundo.

79 / 100

¿POR QUÉ DICEN QUE LOS GATOS TIENEN SIETE VIDAS?

En realidad sólo tienen una vida, como el resto de seres mortales, si dejamos de lado especulaciones religiosas y demás sin ningún tipo de fundamento científico. Lo que sucede es que los gatos tienen una capacidad asombrosa de caer de pie y detener el golpe de una caída que para otros animales sería mortal. Sin saberlo, los gatos aprovechan el principio de conservación del momento angular (simbolizado con L), una magnitud física que describe matemáticamente cómo gira un cuerpo alrededor de un eje. La velocidad a la que gira un cuerpo (llamémosle w) depende sobre todo de cómo tiene distribuida la masa alrededor del eje de giro, que viene dado por un parámetro que se llama *momento de inercia* (I). Nos informa de lo mismo que la masa, pero ahora para las rotaciones. Cuanto más elevado sea el momento de inercia, más alejada se encuentra la masa del centro de giro, y por tanto le costará más cambiar su estado de rotación (acelerar o frenar) que si tuviera un momento de inercia pequeño, con la masa más concentrada alrededor del eje de giro. Pues bien, resulta que cuando un cuerpo gira libremente, sin que ninguna fuerza externa mantenga su movimiento, el llamado *momento angular* se conserva ($L = I \times w =$ constante), y eso quiere decir que siempre vale lo mismo. Si aumenta el momento de inercia I, esto quiere decir que la velocidad de giro w debe disminuir, y viceversa, si I disminuye, la velocidad de giro debe aumentar para conservar con el mismo valor el momento angular (L). Aumentar el momento de inercia I significa repartir más lejos del eje de giro la masa del cuerpo. Si esto sucede, la velocidad de giro disminuye para mantener constante el momento angular L. Es lo que hacen las patinadoras cuando quieren girar sobre sí mismas más deprisa: encogen las manos y las pegan al cuerpo. Cuando quieren frenar, sólo deben extenderlas, separarlas del cuerpo, para aumentar el momento de inercia I y disminuir así la velocidad de giro w.

Los gatos, cuando caen, encogen las patas, de modo que el cuerpo comienza a girar rápidamente y así pueden situarse en posición de caída, patas abajo, para poder parar el golpe. La conservación del momento angular corresponde a uno de los cinco principios de conservación básicos de la física, algunos ya comentados en otras cuestiones: la energía, el momento lineal, el momento angular, la masa y la carga.

80 / 100

¿POR QUÉ VEMOS UNA CUCHARA TORCIDA CUANDO LA SUMERGIMOS PARCIALMENTE EN UN VASO DE AGUA?

Cuando introducimos un objeto rectilíneo en el agua, como puede ser un lápiz, una cucharilla, o bien la larga barra aspiradora de una piscina, vemos claramente cómo esos cuerpos rectilíneos acaban torciéndose, de modo que los trozos de dentro y de fuera del agua no mantienen la misma línea recta, y nos da la sensación de que se ha torcido. En realidad, como comprobamos sacando el objeto del agua, nada se ha torcido y todo es fruto de lo que nuestros ojos ven. La causa está en que la velocidad de la luz en el aire y en el agua es diferente. Mientras que en el aire la luz viaja a casi 300.000 km/s, en el agua la velocidad se reduce a casi 225.000 km/h. Esto hace que un rayo de luz que sale de un punto del objeto que se encuentra sumergido llegue fracciones de segundo después de que lo haga un rayo que sale de un punto del objeto que no se encuentra bajo el agua.

La refracción está presente en muchos fenómenos ópticos de nuestra vida cotidiana. El cambio de dirección de los rayos de luz al pasar del aire al cristal de las gafas hace que las personas con alguna disfunción visual puedan ver bien. Las gotas de lluvia refractan la luz del Sol, la descomponen y forman el arco iris. Los charcos de agua que observamos sobre el asfalto al final de una larga carretera un día caluroso de verano son el reflejo del cielo que, por refracción, se produce en las diferentes capas de aire. La lista es bien larga...

Jordi Mazón Bueso

81 / 100

¿POR QUÉ A VECES VEMOS APARECER Y DESAPARECER DE GOLPE LOS PECES DENTRO DE UN ESTANQUE, Y NO PROGRESIVAMENTE?

Cuando un rayo de luz cambia de medio en su propagación, cambia de velocidad y se desvía con respecto a la dirección en la que viajaba. Es el fenómeno conocido como *refracción*. Es similar a lo que ocurre cuando al circular en bicicleta por una carretera asfaltada de repente pasamos a una carretera llena de arena de playa: la bici se frena y seguro que cambia de dirección, cayendo ciclista y bici.

Los diferentes medios por los que se propaga la luz están caracterizados por un índice, llamado *índice de refracción* (n). Es una manera de cuantificar el cambio de velocidad de la luz en el nuevo medio, respecto a la velocidad en el aire (de hecho este índice se define como la relación entre las velocidades de la luz en el medio respecto a la de la luz en el aire o el vacío). Pues bien, resulta que cuando la luz pasa de un medio de índice inferior a uno superior, como es el caso del aire (n=1) al agua (n=1,33), el rayo de luz se frena y el ángulo de salida se hace más pequeño (con respecto a la línea imaginaria perpendicular a la separación de los dos medios, llamada *normal*). En cambio, si el rayo de luz viaja de un medio de índice superior a uno inferior, como es el caso del agua al aire, la velocidad aumenta y el ángulo crece, se aleja de la línea normal. De forma que a partir de un cierto ángulo de incidencia del rayo en el aire no se produce refracción, y el rayo pasa a viajar por la superficie del agua. Incrementando un poco más el ángulo de incidencia, el rayo se refleja y es remitido nuevamente hacia el agua, no sale del agua. Se produce entonces el fenómeno de la reflexión total.

Quizás alguna vez hemos estado mirando un estanque, o el agua del mar desde un espigón o desde la misma playa. Quizás nos habremos dado cuenta de que a veces vemos aparecer los peces de forma repentina. Hace un momento no estaba, y de repente lo vemos ("¡Mira!", oímos que dice la gente señalando dentro del agua). Esto es así porque a medida que el pez se desplaza nadando llega un momento en que los rayos de luz superan el ángulo crítico a partir de los cuales salen a la superficie. En pocos centímetros pasamos de no ver el pez (porque los rayos de luz no se refractan, sino que se reflejan nuevamente hacia dentro del agua al incidir en la separación entre el aire y el agua) a verlo completamente (porque la luz incide por debajo del ángulo límite y se refracta, saliendo al otro medio, a la superficie, donde nuestros ojos pueden captarla).

Jordi Mazón Bueso

82 / 100

¿POR QUÉ NO SE HUNDEN LOS ZAPATEROS CUANDO SE POSAN SOBRE EL AGUA?

El agua, como todos los líquidos, presenta una cierta resistencia a aumentar su superficie. Si intentamos tirar de la superficie del agua, por ejemplo, con la palma de la mano o situando un cristal plano sobre el agua y estirando hacia arriba, observaremos que el líquido ofrece una resistencia a expandirse. Hay una fuerza que mantiene las moléculas del agua unidas entre sí y que hace que la superficie se comporte como si fuera elástica. La razón de esta elasticidad radica en las diferentes fuerzas a las que están sometidas las moléculas de agua. Una molécula de agua sumergida completamente está sometida a fuerzas de atracción en todas direcciones, debido a que está rodeada por moléculas por todas partes, de forma que las fuerzas se compensan y esta molécula sumergida en el fondo se encuentra bastante libre, con una energía de ligadura bastante baja. En cambio, una molécula situada en la superficie experimenta una fuerza importante. Las moléculas vecinas que tiene al lado y por debajo la ligan bien, y aparece sobre esta molécula una fuerza neta que la retiene en la superficie, ya que no hay ninguna fuerza importante que la tire hacia arriba. Esta fuerza se llama *tensión superficial*, y hace que la superficie del agua, y en general de los líquidos, se comporte como una delgada capa elástica. Esta elasticidad es la que aprovecha el zapatero, un insecto que se desplaza constantemente sobre el agua a grandes velocidades sin hundirse, aprovechando sus largas patas acabadas en una superficie ancha. Es también la causa que podamos colocar, con mucho cuidado, un alfiler sobre el agua y hacer que flote.

La tensión superficial es también la causa de que haya líquidos que mojan el envase que los contiene, como el agua, y otros que no, como el mercurio. Cuando las fuerzas de cohesión de las moléculas superficiales de un líquido (la tensión superficial) son superiores a la fuerza de adhesión que hace la pared del recipiente sobre estas moléculas del líquido, la tensión superficial hace que el líquido tienda a curvarse sobre si mismo, formando una superficie convexa y sin mojar el recipiente. Es el caso del mercurio. Otros líquidos, como por ejemplo el agua, sí mojan las paredes del recipiente que los contiene, ya que la tensión superficial entre las moléculas es inferior a la fuerza de adhesión con las paredes del recipiente que los contiene, de forma que las moléculas de la superficie del agua tienden a adherirse a la pared del recipiente y forman un menisco cóncavo que moja la pared.

83 / 100

¿POR QUÉ LOS ÁRBOLES NO NECESITAN CORAZÓN PARA LLEVAR LOS NUTRIENTES DEL SUBSUELO HASTA SUS HOJAS?

No deja de ser curioso que los animales, entre ellos los humanos, necesitamos un músculo muy fuerte como es el corazón para llevar oxígeno (a través de la sangre) a pocos centímetros de distancia, mientras que los árboles transportan los nutrientes y el agua hasta decenas de metros sin ningún músculo ni bomba, desde el subsuelo hasta las últimas hojas y ramas.

La capilaridad es la causa. Este fenómeno es propio de los líquidos, y les permite ascender por tubos muy estrechos, llamados *capilares*. Cuando la fuerza de cohesión (tensión superficial) de las moléculas de agua es menor a la fuerza entre éstas y las moléculas del material que forma el tubo capilar, las moléculas de agua se adhieren a las del tubo capilar y ascienden por éste, hasta que el peso de la columna de agua es bastante importante y se iguala con la fuerza de adhesión de las moléculas de agua a las del tubo capilar. Cuanto más estrecho sea el tubo capilar, mayor será la altura a la que puede llegar la columna de agua.

Las raíces y los conductos de los troncos de los árboles actúan como tubos capilares de unas dimensiones que pueden llegar al micrómetro (0,000001 metros), de forma que los nutrientes disueltos en agua pueden ascender por capilaridad hasta 15 metros de altura. En los árboles más altos, la transpiración de las hojas es un factor decisivo, pues la pérdida de agua a través de éstas favorece el ascenso de agua por capilaridad.

84 / 100

¿ES CIERTO QUE LA ROTACIÓN TERRESTRE ES LA CAUSA DE QUE EN EL HEMISFERIO NORTE EL AGUA DESAGÜE EN SENTIDO ANTIHORARIO Y EN EL HEMISFERIO SUR EN SENTIDO HORARIO?

Si nos fijamos en la forma en que el agua desagua por una pila (la de la cocina, la bañera, el lavabo, etc.), observaremos cómo a medida que va desaguando, generalmente, gira en sentido contrario a las agujas de un reloj en nuestro hemisferio norte y, según se dice, en sentido horario en el hemisferio sur. La explicación más extendida, aunque no la correcta, es que el hecho se debe al giro de la Tierra y al llamado *efecto Coriolis*, que aparece cuando un objeto se desplaza por encima de otro que va cambiando la velocidad. Pensemos por ejemplo en una plataforma giratoria (como las de los caballitos de feria, o las que hay en determinados parques infantiles) y en un balón que se desplaza de forma recta desde el centro hacia la periferia. La velocidad de giro (llamada *angular*) de la plataforma es idéntica en todos los puntos del mismo radio (dan las mismas vueltas en el mismo instante de tiempo). Pero la velocidad lineal no, que cuanto más lejos esté del centro de giro mayor será (nula sobre el mismo eje de giro). De modo que, a medida que la pelota se desplaza desde el eje de giro hacia la periferia siguiendo un radio, la velocidad lineal se va incrementando y la pelota va girando en la dirección de giro. Este fenómeno es el efecto Coriolis, a menudo mal llamado *fuerza de Coriolis* (no es ninguna fuerza, sino fruto de la inercia del objeto que se desplaza).

Pues bien, con los cuerpos que se desplazan sobre la Tierra pasa lo mismo, siempre que un objeto cambie de latitud y por tanto varíe la distancia al eje de giro terrestre. Las masas de aire se desplazan de las altas a las bajas presiones, y en el desplazamiento se desvían de su movimiento rectilíneo debido a este efecto. En el hemisferio norte giran en el sentido contrario a las agujas del reloj, y en el sur en el mismo sentido. Las corrientes oceánicas también son desviadas, así como la trayectoria de los aviones que se desplazan largas distancias. Cuanto más al norte o al sur, este efecto es más intenso, y en el ecuador es nulo.

Volvamos al caso que nos ocupa, ¿es este efecto Coriolis el responsable de que el agua gire en uno u otro sentido al desaguar el agua por una pila? La respuesta es que no. Primeramente hay que tener presente que la fuerza que hace desviar 1 kg de agua debido al efecto Coriolis es extremadamente débil, del orden del *milinewton*, y que una fuerza tan débil no puede hacer que toda una masa de agua se ponga a girar completamente en cuestión de segundos (el tiempo que tarda en vaciarse la pila del lavabo, por ejemplo). En cambio, sí tiene un efecto importante sobre las masas de aire o de agua, que se desplazan cientos de kilómetros y donde la fuerza de Coriolis está actuando durante horas y horas, y días y días. Es imposible que una fuerza tan débil actuando tan pocos segundos ponga a girar una masa de agua como la contenida en una pila. La fuerza de Coriolis actúa, pero la fuerza de rozamiento entre el agua y las paredes de la pila es órdenes de magnitud superior, e impide que la rotación sea debida al efecto Coriolis. Y una última argumentación. En el ecuador el efecto Coriolis no existe, la fuerza es estrictamente cero, y a pocos grados de latitud alrededor de esta zona, tanto hacia el norte como hacia el sur, de un valor muy pequeño. En cambio, los turistas que visitan las zonas ecuatoriales "pican" en las demostraciones que cientos de nativos hacen con una palangana. Se colocan sobre la línea del ecuador y, al sacar el tapón de la palangana, se observa cómo el agua desagua sin girar. Repiten la experiencia un metro al norte de la línea del ecuador y se observa cómo el agua desagua girando en sentido antihorario. Lo vuelven a hacer un metro al sur y el agua desagua en sentido horario.

Muy bien, pues el efecto Coriolis no es la causa del giro del agua al desaguar. Entonces, ¿por qué gira el agua? La razón hay que buscarla en el diseño de las pilas, la forma de sacar el tapón, la forma de dar el impulso inicial al agua, etc. Si con la pila llena de agua, cuando sacamos el tapón le damos al agua un impulso en sentido horario, el torbellino que se consigue es de giro contrario al habitual. Dependiendo del movimiento inicial del agua, acabará girando en uno u otro sentido.

85 / 100

PERO ENTONCES, ¿LA FUERZA DE CORIOLIS AFECTA O NO AL MOVIMIENTO DE LOS OBJETOS?

Pues sí, y a veces bastante, pero no en todo lo que se suele decir. Para que la débil aceleración de Coriolis se deje notar son necesarias unas condiciones: primero, que se esté lejos del ecuador terrestre. En segundo lugar, que haya movimiento, que éste sea lo más rápido posible y que dure en el tiempo (no valen los segundos que tarda en vaciarse un fregadero). Y, finalmente, cuanta más masa tenga un cuerpo que cumpla las condiciones anteriores, más notará este efecto. Por ejemplo, el tren transiberiano recorre cientos de kilómetros sin detenerse, a unas velocidades que superan los 100 km/h. La aceleración de Coriolis lo desvía de su trayectoria, y hace que el lado derecho de la vía esté más gastado que el otro, debido a la tendencia a desviarse el tren de su trayectoria. Con el paso de los años, esta tendencia se ha evidenciado con el desgaste de un lado más que el otro. Y no sólo en el transiberiano... Los trenes de largo recorrido de la Renfe tienen también más gastadas las ruedas derechas (y así el raíl derecho) que las izquierdas. En los grandes ríos, con grandes tramos rectos, también se aprecia la aceleración de Coriolis. En el hemisferio norte el agua tiene tendencia a irse hacia la orilla derecha, y en éstas hay más acumulaciones de agua y de erosiones que en las orillas izquierdas. En el hemisferio sur, en cambio, es al revés.

En el crecimiento de algunas plantas también se puede observar la influencia de la aceleración de Coriolis, aunque en este campo hay cierta controversia. Las plantas trepadoras, de rápido crecimiento, como las judías, los jazmines y similares, se enroscan en el sentido contrario a las agujas del reloj, y hay quien cree que es debido al efecto Coriolis. En el trabajo de investigación del final del bachillerato de Pau Galdón analizamos este hecho. Construimos dos plataformas giratorias veinte veces más rápidas que la rotación terrestre, cada una en sentido opuesto, y en tres macetas plantamos unas habichuelas. Colocamos dos macetas en las plataformas giratorias, y la tercera en el suelo. Durante semanas tuvieron idénticas condiciones, de riego, de horas de luz, de iluminación, excepto el giro. Observamos que las tres se enroscaban de forma similar en su crecimiento, en el mismo sentido, lo que nos hizo concluir que no es la aceleración de Coriolis la que hace enroscar las judías, sino algún otro factor, probablemente el movimiento solar, al que tiene tendencia a seguir la planta (el sol sale por el este y se pone por el oeste, y la planta tiende a seguir este movimiento creciendo lenta y verticalmente). De hecho, ya sea el crecimiento lento de un olivo o el rápido de un eucalipto, el enroscado se aprecia en el mismo sentido antihorario en el hemisferio norte. Incluso este sentido contrario a las agujas del reloj se aprecia en el cabello de la coronilla de muchas personas... ¿Pero es debido a Coriolis? Comparamos fotos de un centenar de coronillas de personas adultas de Chile y Argentina con las de europeos, y no había ninguna diferencia. El enroscado se debe a otros factores, pero no al efecto Coriolis.

86 / 100

¿EL DESORDEN SIEMPRE AUMENTA...?

La energía de un objeto, del tipo que sea, tiende a fluir (es una forma de decirlo, porque la energía no es ningún fluido) desde las zonas de máxima concentración energética hacia las de mínima, hasta que se establece así una uniformidad energética entre las dos zonas. En este fluir de la energía, una parte se puede convertir en trabajo. El agua de un río cae hasta el mar, por gravedad, y en el transcurso puede mover molinos y turbinas para transformarse en trabajo, moler trigo, generar energía eléctrica, etc.

En 1850 el físico alemán Clausius definió uno de los conceptos más importantes de la física y la química: la *entropía*. Este concepto representa el grado de uniformidad con que está distribuida la energía en un sistema. Cuanto más uniforme sea la energía, mayor será la entropía. Cualquier diferencia de energías en un sistema tiende de forma natural a igualarse, a uniformizarse, y por tanto de forma natural la entropía de un sistema siempre aumenta. Si tenemos dos depósitos de agua, un lleno y otro vacío, comunicados por un tubo, la atracción gravitatoria tiende a equilibrar los niveles, a igualar las energías gravitatorias de los dos depósitos, y por tanto a uniformizar la energía y a aumentar la entropía. Inicialmente la entropía del sistema formado por los dos depósitos y el agua era mínima, porque la diferencia de energías era máxima. Una vez se ha igualado la energía de los dos depósitos, la entropía toma su máximo valor.

El segundo principio de la termodinámica deja bien claro este hecho: la entropía de un sistema aumenta constantemente, lo que quiere decir que las diferencias en la concentración de energía tienden a igualarse por completo, de manera que no se puede extraer trabajo ni producirse cambios. Así que si todas las diferencias de energía del Universo tienden a igualarse (la entropía tiende a un máximo),

Jordi Mazón Bueso

llegará un momento en el que la energía del Universo estará completamente igualada, y a partir de entonces no podrá pasar nada, pues a pesar de haber energía no habrá flujos de energía que generen trabajo que puedan generar cambios. Este proceso de igualación de energías durará billones de años, por lo que no debemos preocuparnos lo más mínimo.

87 / 100

¿POR QUÉ LAS COSAS PASAN COMO PASAN, Y NO AL REVÉS?

Si se ponen en contacto dos cuerpos, uno caliente y otro frío, el caliente se enfría y el frío se calienta, hasta que se igualan las temperaturas. Aunque al revés el fenómeno no viola el principio de conservación de la energía mecánica, nunca se ha observado que la energía del cuerpo frío pase al caliente, y el cuerpo frío se enfríe más y el caliente se caliente aún más.

La entropía puede interpretarse, además de como un índice de medida del grado de uniformidad de la energía de un sistema, como una medida de la distribución aleatoria de un sistema de partículas. Cuanta más entropía tenga un sistema, más al azar estarán distribuidas sus partículas. La tendencia natural de un sistema es incrementar su entropía, de forma que todo sistema tiende a lograr una mayor distribución azarosa de sus partículas. En esta reorganización se alcanza el máximo de entropía al que tienden todos los cuerpos de este Universo. Así pues, la entropía de un sistema también mide el desorden de un sistema. Un ejemplo cotidiano es analizar lo que sucede cuando cae un vaso de cristal al suelo. Éste se romperá y se esparcirá por el suelo. Pero en cambio nunca conseguiremos que, lanzando trozos de vidrio al aire, se ordenen y se acabe formando nuevamente el vaso.

Parece, pues, que existe un orden en los procesos naturales de nuestro Universo. Una flecha del tiempo que apunta siempre hacia adelante, y que garantiza la irreversibilidad de muchos de los fenómenos de la física. Otro ejemplo. Cuando circulamos en bici a una cierta velocidad y frenamos, del rozamiento entre las pastillas del freno y la llanta se libera energía, hasta que la bicicleta se detiene. Toda la energía de la bicicleta (cinética) se ha transformado en calor, que se ha esparcido por el aire, incrementando la entropía. Desde el punto de vista energético, nada prohíbe que el calor liberado dé a la bicicleta la energía que tenía inicialmente, antes de frenar, pero en cambio es imposible. La segunda ley de la termodinámica marca una sentido en los procesos físicos, y de forma natural nunca un sistema desordenado se transformará en otro más ordenado. Porque, ¿verdad que no hemos visto nunca que el calor liberado por los frenos se transforme en energía cinética?

Que la entropía de un sistema siempre aumente, y así el desorden, no quiere decir que un sistema no pueda ordenarse. Por ejemplo, ¿qué pasa con los seres vivos? Son sistemas ordenados. Se podría pensar que esto viola el segundo principio de la termodinámica, pero en realidad no es así. Es cierto que se consigue a veces un incremento del orden, pero esto sólo es una parte del sistema. Si contemplamos el sistema al completo (ser vivo y entorno), la entropía total del sistema siempre aumenta. En este Universo, la entropía total siempre aumenta. Es la llamada *flecha del tiempo*, que hace que el envejecimiento y la muerte sean procesos irreversibles... de momento, porque si el incremento de la entropía está relacionado con la expansión del Universo, los físicos especulan con la posibilidad de que, si el Universo alcanzara la máxima expansión e iniciara una contracción (el Big Crunch), quién sabe si entonces la entropía total del Universo disminuiría en lugar de aumentar y el mundo sería muy diferente. La flecha del tiempo iría al revés, y los procesos físicos irían atrás. Podríamos mover la bicicleta a partir del calor liberado por los frenos, y los vasos se reconstruirían al lanzar al aire pedazos de cristal. Y el envejecimiento iría al revés, y se llamaría *rejuvenecimiento*. Los bancos darían hipotecas a los viejos, a los que les quedaría toda una vida por delante. Pero todo esto son especulaciones.

88/100

EL EFECTO TÚNEL: LOS FANTASMAS ATÓMICOS SÍ PODRÍAN ATRAVESAR LAS PAREDES

¿Os imagináis que pudiéramos atravesar paredes sin romperlas ni hacernos daño, aunque tuviéramos una energía muy inferior a la necesaria para poder atravesarlas? Pues eso que es totalmente imposible en el mundo macroscópico que nos rodea es posible a nivel atómico, donde la física clásica deja de ser válida y hay que emplear la llamada *física cuántica*. Esto no quiere decir que la física clásica (la de toda la vida, para entendernos) sea errónea, sino que cuando vamos a escala atómica es necesario ampliarla para poder dar explicaciones que no serían posibles de otra forma. Así, uno de los cambios más importantes es que las partículas se comportan como ondas (tanto las partículas atómicas como las no atómicas, lo que pasa es que esta ondulación es imperceptible a nuestra escala, pero sí se percibe a la escala atómica). A escala atómica, las partículas se mueven describiendo ondas, de modo que es imposible saber simultáneamente la posición y la velocidad de una de estas partículas. Sólo podemos saber cuál es la probabilidad de encontrar en un punto dado una partícula con una determinada velocidad. Esta probabilidad está relacionada con la amplitud de esta onda de movimiento, de modo que allí donde la onda tiene máxima amplitud indica que es máxima la probabilidad de encontrar la partícula, y en los extremos de la onda, donde la amplitud es pequeña, también lo es la probabilidad de encontrarla. Estos extremos de la onda de probabilidad pueden encontrarse al otro lado de barreras de potencial muy superiores a la energía de la partícula, y por tanto hay una probabilidad pequeña, pero no nula, que una partícula atómica o subatómica pueda atravesar barreras de potencial de mucha más energía de la que tiene propiamente la partícula. Este fenómeno se conoce con el nombre de *efecto túnel*, y aunque puede parecer extraño e imposible desde nuestra visión macroscópica del mundo, es un efecto común a escala atómica. Actualmente son muchas las aplicaciones de este efecto, seguramente la más conocida es la del microscopio de efecto túnel, con una resolución que llega a la escala atómica.

89 / 100

¿QUÉ ES LA CORRIENTE ELÉCTRICA? ¿EN QUÉ SE DIFERENCIA LA CORRIENTE ALTERNA DE LA CONTINUA?

Como es bien conocido, la materia está formada por átomos, y éstos por un núcleo donde se encuentran fuertemente ligados los protones y los neutrones, y orbitando alrededor de este núcleo los electrones. Como sabemos, el núcleo es 10.000 veces más pequeño que el enjambre de electrones orbitando a su alrededor, de modo que los electrones que ocupan la última capa en determinados átomos están débilmente ligados, por lo que pueden liberarse con relativa facilidad de la fuerza de atracción del núcleo atómico (con carga positiva) y convertirse en libres. Cuando estos electrones libres se mueven de átomo en átomo a través de un material, se forma lo que se llama *corriente eléctrica*. Resumiendo, el movimiento de los electrones a través de un material es lo que se llama *corriente eléctrica*. Hay materiales, sin embargo, en los que los electrones no pueden desplazarse, ya que encuentran una estructura muy densa de átomos, de modo que los electrones chocan con ella, que impide su avance. Son los materiales aislantes, o dieléctricos, como el plástico o la madera. En cambio, hay materiales que permiten fácilmente el movimiento de los electrones. Son los materiales conductores, como el cobre o el hierro.

Según el movimiento de los electrones dentro de un material conductor, se habla de corriente continua o de corriente alterna. En el primer caso, los electrones se mueven siempre en una determinada dirección, a pocos centímetros por hora. Siempre adelante. Las pilas, las baterías de los coches y las placas solares generan este tipo de corriente.

En la corriente alterna, los electrones hacen movimientos de avance y de retroceso periódicos, de modo que la mitad del tiempo los electrones van adelante y la otra mitad hacia atrás. Existen varios tipos de periodicidad en la corriente alterna, pero la más común es la sinusoidal, en la que la intensidad o el voltaje cambian siguiendo esta función matemática. La corriente eléctrica que nos llega a casa y que tenemos en los enchufes es alterna sinusoidal de 50 Hz, es decir, los electrones hacen 50 oscilaciones por segundo.

90 / 100

¿CUÁNTOS ELECTRONES CIRCULAN POR UN CABLE? ¿A QUÉ VELOCIDAD AVANZAN?

Una corriente eléctrica es el movimiento de electrones por un material conductor. Estos materiales, a diferencia de los aislantes o dieléctricos, presentan poca resistencia eléctrica, y los electrones pueden avanzar por la superficie. Generalmente los materiales conductores son metálicos (cobre, hierro), y sus átomos están enlazados por medio del enlace metálico, lo que conlleva que haya toda una nube de electrones libres alrededor de los átomos del material. La unión de dos elementos metálicos conlleva que se desprendan los electrones y que éstos queden libres alrededor de los átomos. Cuando entre los dos extremos de estos materiales (por ejemplo, un cable de cobre) aparece una diferencia de potencial eléctrico, estos electrones inician un lento movimiento hacia la parte donde hay un menor potencial eléctrico (el polo negativo de la pila o del enchufe). El movimiento se hace lentamente, pues los electrones chocan entre ellos y con los átomos del material. Estos choques los notamos con un calentamiento del cable y del aparato electrónico. La velocidad típica de arrastre de los electrones por un cable es relativamente baja. Para un cable de cobre de 1 centímetro de radio, por el que circula una intensidad de 1 amperio, la velocidad de los electrones es de 8,4 centímetros por hora. Una velocidad más lenta que la de un caracol o una tortuga, ciertamente... En el caso de la corriente alterna, la velocidad de arrastre de los electrones es la misma, pero la oscilación de éstos hace que en una hora avancen mucho menos, prácticamente permanecen estacionarios, pero oscilan 50 veces por segundo.

Esta baja velocidad contrasta con la gran cantidad de electrones que hay en un cable. En 1 segundo y para una corriente de 1 A (la que podemos tener contratada en nuestra casa) pasan del orden de 10^{19} electrones, es decir, 10.000.000.000.000.000.000 de electrones. Se mueven muy lentamente, pero son muchos los que se mueven.

91 / 100

¿POR QUÉ SI LOS ELECTRODOMÉSTICOS FUNCIONAN CON CORRIENTE CONTINUA, LA DE LA RED ES ALTERNA?

No es por ningún comportamiento maniático de las empresas de energía eléctrica (ya es suficiente con la manía de subir anualmente la tarifa…), ni de los fabricantes de electrodomésticos. La generación de la energía eléctrica en las centrales productoras, hidroeléctricas, nucleares, térmicas y eólicas, se basa en la inducción magnética. Este fenómeno fue descubierto en 1819 por el danés Oersted, que se dio cuenta de que, al atravesar un imán de forma acelerada por el interior de una espira (una espira es un cable cerrado sobre sí mismo, generalmente en forma circular), se generaba una corriente eléctrica, es decir, los electrones del cable se ponían en movimiento.

La explicación del fenómeno la dieron años más tarde los físicos Faraday y Lenz. Para hacerlo, definieron el concepto de *flujo magnético*, que es una magnitud que da idea de la cantidad de líneas magnéticas que salen de un imán y que atraviesan una determinada superficie. Cuando el flujo magnético que atraviesa una espira varía, induce una corriente eléctrica en esta espira, es decir, aparece una corriente eléctrica.

El experimento de Oersted dio rápidamente paso al diseño y la construcción de generadores de electricidad, consistentes en una espira formada por miles de vueltas de un hilo de cobre enrollado sobre sí mismo formando un rectángulo y colocada en medio de los dos polos opuestos de un imán. El objetivo es generar un flujo magnético que atraviese la espira, que varíe y genere corriente eléctrica en esta espira. Dado que un imán siempre genera el mismo campo magnético, la forma de proceder para que varíe el flujo magnético en la espira es hacerla girar de modo que el número de líneas del campo magnético que pasan a través de ella varíe. De modo que si suponemos que inicialmente el número de líneas del campo magnético es perpendicular a la superficie de la espira, en el primer cuarto de giro de la espira el flujo disminuye, porque también lo hacen el número de líneas que la atraviesan. En el segundo cuarto vuelve a aumentar el flujo, en el tercer cuarto de giro disminuye, y finalmente en el último cuarto de vuelta el flujo vuelve a aumentar. De esta manera el flujo magnético va variando, aumentando y disminuyendo, lo que se traduce en un movimiento alterno de la corriente inducida, y esto en un movimiento alterno de los electrones que circulan por el cable que forma la espira. Se genera una corriente alterna, asociada a la manera de obtener la electricidad, inevitable. Los aparatos electrodomésticos funcionan con corriente continua, y llevan incorporado un transformador que hace el cambio de corriente alterna a continua, además de disminuir el voltaje.

Desde que a principios del siglo XX se descubrió este fenómeno y se empezaron a diseñar y construir grandes espiras giratorias en medio de imanes, el gran problema al que se han enfrentado las diferentes generaciones de investigadores e ingenieros, sobre todo las últimas, ha sido esta cuestión: ¿Cómo hacer girar la espira de forma sostenible? Tradicionalmente se ha hecho girar aprovechando los saltos de agua (centrales hidroeléctricas), o inyectando vapor a alta presión (calentando agua por medio de carbón o fuel en las centrales térmicas, o por medio del calor liberado en las reacciones de fisión en las centrales nucleares). Pero estas maneras de hacer girar la espira para inducir una corriente eléctrica han comportado y comportan buena parte de los problemas sociales, económicos y ambientales del planeta. Efectivamente, las centrales hidroeléctricas modifican y alteran los sistemas fluviales porque se han de construir presas y embalses. Además, según qué ríos, como los mediterráneos, en épocas de poco caudal son insuficientes, las reservas hídricas se almacenan para el consumo de boca y la generación de electricidad disminuye. Además, el número de embalses de un río es limitado, lo que hace insuficiente la producción de energía eléctrica. Las centrales térmicas tienen un doble problema. Primeramente, las emisiones de gases de efecto invernadero, y en segundo lugar que dependen del petróleo, el gas o el carbón, recursos que se encuentran situados en países problemáticos. Muchas guerras e injusticias políticas y sociales internacionales son la consecuencia de la necesidad de estos recursos para la obtención de la energía eléctrica, entre otras. La energía nuclear tiene el conocido problema de los residuos radiactivos, el peligro que conllevan estas infraestructuras en caso de accidente y el hecho de que el uranio no es un recurso inagotable. Desde hace unos años se están colocando espiras (turbinas) que aprovechan la fuerza del viento. Los parques eólicos son hoy por hoy insuficientes para cubrir la demanda eléctrica de nuestra sociedad.

En pocas palabras, pues, más de un siglo después del experimento de Oersted aún no hemos aprendido a hacer girar la espira para inducir corriente eléctrica de una manera limpia y justa para todos.

92 / 100

¿POR QUÉ UN IMÁN GENERA UN CAMPO MAGNÉTICO? ¿POR QUÉ ATRAE AL HIERRO Y NO A LA MADERA?

Cuando preguntaron en una ocasión a Albert Einstein qué fenómeno físico le impresionó más en su vida, respondió que quedó sorprendido cuando su padre le hizo ver cómo la aguja de una brújula se movía al acercarla a un cable conectado a una pila. No hacía muchos años que el danés Oersted había observado por primera vez que una corriente eléctrica generaba un campo magnético a su alrededor, y que los imanes funcionaban de forma similar. En el interior de los cuerpos hay multitud de pequeñas corrientes de electrones cerradas, que generan a su alrededor un pequeño campo magnético. Podemos suponer que son pequeños imanes. En la mayoría de los cuerpos estos imanes están orientados en todas direcciones, al azar, de forma que los campos magnéticos de cada una de estas pequeñas corrientes atómicas se anulan, y globalmente el campo magnético del cuerpo es cero. Pero en determinados materiales estas corrientes se encuentran alineadas, de modo que la fuerza y el campo magnético de cada diminuta espira se amplifican con los vecinos y aparece entonces un campo magnético global para todo el cuerpo. A estos cuerpos los llamamos *imanes*.

Cuando acercamos un imán a diferentes cuerpos, éstos responden de diferentes formas. Hay materiales a los que el imán no les hace nada de nada, porque el campo magnético del imán no interactúa con las pequeñas corrientes atómicas, ya que éstas se compensan entre sí y no presentan propiedades magnéticas. Es el caso de la madera o el plástico, por ejemplo. En cambio, al acercarse el imán a un trozo de hierro, el campo magnético del primero pone en línea a los pequeños imanes internos del hierro, lo magnetiza y lo atrae.

Jordi Mazón Bueso

93 / 100

¿EXISTE EL MONOPOLO MAGNÉTICO?

Todos hemos jugado alguna vez con imanes, y sabemos que tienen dos polos, el norte y el sur, situados de forma opuesta. Al romper un imán por la mitad, cada parte se comporta como un nuevo imán, con dos polos. Incluso si rompemos por la mitad un solo polo, las partes resultantes se comportan como un imán con nuevamente dos polos. Por eso se dice que un imán es un dipolo magnético, porque siempre tiene dos polos.

Pero el gran físico Paul Dirac planteó en 1931 la hipótesis de la existencia de un monopolo magnético, es decir, un solo polo magnético estable. De la misma forma que las cargas eléctricas se pueden encontrar aisladas en la naturaleza, Dirac predijo que, bajo determinadas condiciones físicas, sería posible encontrar monopolos magnéticos. Estas estructuras se hacen necesarias para explicar el origen del Universo y la cuantización de la carga, es decir, el hecho de que la carga eléctrica no pueda tomar cualquier valor, sino siempre un número entero de veces el valor de la carga del electrón.

Muchos grupos de investigación de todo el mundo hace décadas que intentan detectar la existencia de monopolos magnéticos, hasta el momento sin éxito. Hay grupos que afirman haber intuido en experimentos a bajas temperaturas la presencia de monopolos, pero la repetición de los experimentos no ha confirmado la presencia de éstos. Otros grupos de investigación se plantean la no existencia de estos monopolos.

Así pues, de momento los monopolos magnéticos son sólo fruto de las ecuaciones matemáticas. Tendremos que esperar a poder ver si existen realmente.

94 / 100

¿QUÉ ES LA SUPERCONDUCTIVIDAD?

Los electrones no tienen un camino fácil cuando circulan por el interior de un cable conductor. Chocan entre ellos y con los átomos del cable, de modo que en estas colisiones van perdiendo energía poco a poco, calentando el cable. Las líneas de alta tensión, que transportan cientos y cientos de kilómetros la electricidad, tienen grandes pérdidas energéticas debido a este fenómeno. En 1911, sin embargo, hubo un descubrimiento sorprendente. Determinadas sustancias conductoras, cuando se enfriaban a temperaturas cercanas al cero absoluto (0 K, es decir, –273,15 °C), perdían su resistencia eléctrica, es decir, estos materiales no ofrecían ninguna resistencia al paso de los electrones y una corriente eléctrica podía circular por un conductor miles y miles de años, sin que nada la detuviera. Esto se debe a que, a estas temperaturas, las vibraciones aleatorias de los átomos se reducen y los electrones pueden pasar a través del conductor sin prácticamente colisionar con ellos. Desde el descubrimiento de la superconductividad, los físicos de todo el mundo han iniciado la búsqueda de materiales que presenten superconductividad a temperatura ambiente. En 1986 se descubrieron los llamados *superconductores de alta temperatura*, que presentan propiedades de superconductores a unos 90 K (–173 °C). Año tras año, los físicos han ido encontrando nuevos materiales que han incrementado la temperatura de superconductividad, hasta que actualmente el récord lo tiene una sustancia de óxido de cobre y mercurio, talio, bario y calcio que se hace superconductora a la temperatura de 138 K (–135 °C). El problema de disponer de superconductores a temperaturas aún bajas es el coste económico de mantener el conductor a esta temperatura. Aunque el récord actual de 138 K queda aún muy lejos de la temperatura ordinaria (20 °C), poco a poco se va avanzando en la búsqueda de la superconductividad a temperatura ambiente, en la que no habría que enfriar el material para que se convirtiera en superconductor.

Encontrar materiales que permitan construir superconductores a temperatura ambiente es la tarea de muchos grupos de investigación en la física del estado sólido. Si esto fuera posible, se produciría una nueva revolución industrial, con avances espectaculares que hoy aparecen en los libros de ciencia-ficción.

95 / 100

¿QUÉ ES LA LEVITACIÓN MAGNÉTICA? ¿PODEMOS LEVITAR LOS HUMANOS?

Una propiedad interesante de la superconductividad, con un montón de aplicaciones, entre ellas la levitación, es el llamado *efecto Meissner*. Si colocamos un imán sobre un superconductor, éste levitará, es decir, quedará suspendido en el aire, como si estuviera flotando. La causa está en que el imán genera una imagen especular suya en el superconductor, de forma que el imán real y el virtual creado dentro del superconductor se repelen. Esto es así porque las líneas del campo magnético del imán no pueden penetrar en el superconductor, son expulsadas y obligadas a bordear a este material, lo que impulsa el imán hacia arriba y lo hace levitar.

Pero el efecto Meissner no pasa sólo con materiales magnéticos como los metales. Los materiales no magnéticos, llamados *paramagnéticos* y *diamagnéticos*, presentan unas propiedades magnéticas sólo en presencia de un campo magnético externo, no son magnéticos por sí mismos. Así, las sustancias paramagnéticas son atraídas por un imán externo, mientras que las diamagnéticas son repelidas. El agua, por ejemplo, es una sustancia diamagnética, por lo que en presencia de un campo magnético externo es repelida. Los seres vivos están formados fundamentalmente por agua, de forma que los científicos ya han hecho levitar pequeños animales como peces y ranas en presencia de potentes campos magnéticos creados por imanes superconductores, del orden de 30.000 veces el valor del campo magnético terrestre.

A medida que los superconductores permitan alcanzar la propiedad de la superconductividad a temperatura ambiente, seguramente veremos la construcción de coches que levitan sobre carreteras espaciales, sin prácticamente pérdida de energía, o monopatines como el de Michael J. Fox en la película *Regreso al futuro* o, ¿quién sabe?, quizás los monjes budistas levitarán con menos meditación.

96 / 100

¿EL BARÇA, *MÉS QUE UN CLUB*?

A las 22 horas y 42 minutos del 17 de mayo de 2006 el Barça se proclamó por segunda vez en su centenaria historia campeón de Europa, de la Champions League 2006. Era una noche plácida, agradable, que recordaba que el verano se encontraba ya muy cerca. Cientos de miles de personas estallaron de alegría justo en ese momento, saltando, tirando cohetes, tocando el claxon de los coches y de muchas otras formas. En Canaletes, al comienzo de la Rambla de Barcelona, como es tradición, se reunieron miles y miles de simpatizantes *culers* saltando de alegría. Tanta energía liberada de golpe creó una pequeña onda sísmica que fue recogida por los sensores sismográficos del observatorio Fabra. Este emblemático observatorio está emplazado a 400 metros de altura, a los pies de la sierra de Collserola. Sus sismógrafos son gestionados y utilizados para hacer seguimiento e investigación por el Departamento de Astronomía y Meteorología de la Universitat de Barcelona y el Laboratorio de Estudios Geofísicos del Institut d'Estudis Catalans. Los sismógrafos son sensores que captan las ondas que se propagan por el suelo, provocadas de muchas y variadas formas. A diferencia de lo que se pueda pensar, el suelo no es un medio rígido, sino elástico. Esta elasticidad depende mucho del tipo de material que lo forma, pero en general se puede afirmar que el suelo tiene una cierta elasticidad. Cuando éste es golpeado con una cierta intensidad, se forman ondas que se propagan a través del suelo y pueden ser captadas por los sensores sísmicos, como ocurrió con los saltos de los seguidores del Barça de aquella noche de mayo.

El Camp Nou se puede considerar como un foco emisor de ondas sísmicas cuando está lleno de aficionados y juega el Barça, y sobre todo cuando marca goles. El estallido de alegría del día 2 de septiembre de 2003 es otro ejemplo de los captados por los sismógrafos del observatorio Fabra, donde se apreciaron claramente las subidas de intensidad de las ondas sísmicas coincidiendo con los goles del Barça.

Pero no sólo el suelo tiembla cuando el Barça marca un gol trascendental, o gana alguna competición importante, y cientos de miles de personas saltan y gritan de alegría. Cuando los más de 100.000 espectadores que llenan el Camp Nou gritan de alegría por un gol, o silban enfadados por algo que no les gusta, se genera una intensidad sonora que supera los 110 decibelios, más que el ruido de las turbinas de reacción de un avión comercial cuando despega. Este ruido, generado de golpe, provoca una onda que se propaga por el aire, y dependiendo de la densidad de éste llega más o menos lejos. Se han registrado incrementos puntuales de presión atmosférica en el registro de barógrafo de las cercanías más próximas al estadio, debido a la presión de la onda sonora cuando alcanza estos sensores. Y es que la pasión por el fútbol puede mover el cielo y la tierra...

Jordi Mazón Bueso

97 / 100

¿CÓMO PODEMOS SABER SI UNA BOMBILLA CONTIENE MERCURIO? (UN EJEMPLO DE LA IMPORTANCIA DEL CONOCIMIENTO Y EL PENSAMIENTO CIENTÍFICO ANTE POSICIONES DOGMÁTICAS)

Ésta es la pregunta que me formulé después de que desde la concejalía de Medio Ambiente del Ayuntamiento de Viladecans (en el área metropolitana de Barcelona) me contestaran categóricamente que estaba equivocado y que las bombillas de las farolas del nuevo y polémico parque de Vilamarina no contenían mercurio, aunque la luz que emitían era de color blanco. Desde hace unos años, la gran mayoría de los municipios de todas partes ha sustituido las antiguas bombillas de mercurio del alumbrado público por unas de vapor de sodio de baja presión, que dan una luz amarillenta en vez de blanca. A pesar de los inconvenientes iniciales por parte de la población, a la que no le gustaba la luz de color amarillo y las sombras extrañas que crea, los motivos del cambio valían la incomodidad inicial: por un lado, las bombillas de vapor de sodio de baja presión no contienen mercurio, y por tanto su tratamiento es más respetuoso con el medio ambiente, y por otro consumen menos energía, y eso quiere decir un ahorro económico para el municipio y menos emisiones de gases de efecto invernadero.

Lo que más me hizo dudar de la afirmación que me dio el concejal de Medio Ambiente fue su rotundidad: "No te preocupes, que no contienen mercurio, aunque emitan luz blanca". Siempre he desconfiado de quien garantiza algo, y más si viene de un cargo religioso, de la banca, o de la política... La ciencia nos enseña precisamente a eso, a dudar de todo, a poner a prueba todas las afirmaciones y sentencias. Y eso es lo que hice yo, poner en cuestión la afirmación del concejal, el cual nunca pondría bombillas de mercurio en un parque con cientos de farolas, cuando en el resto del municipio se han sustituido acertadamente por bombillas de vapor de sodio de baja presión. Pero ¿cómo podía yo comprobar que las bombillas de una farola contenían o no mercurio? ¿Cómo?

Cuando un rayo de luz pasa por un prisma se refracta y la luz se descompone en sus siete colores básicos, los que conforman el arco iris, de una forma continua, con una gradación suave entre color y color. Es lo que se llama *espectro continuo de la luz*. Si entre el ojo del observador y el prisma donde la luz se ha descompuesto hubiera alguna sustancia gaseosa, los átomos de ésta podrían absorber parte de la luz descompuesta y aparecerían rayas verticales oscuras en algunas zonas del espectro. Es lo que se llama un *espectro de absorción*. Si los átomos de un gas en cuestión, en lugar de absorber, se excitan al incidir la radiación y remiten esta radiación con energía, el espectro se llama *de emisión*, y aparecen rayas verticales de colores marcadas en diferentes zonas del espectro. Cada sustancia tiene unas rayas características en la emisión y absorción de un espectro, de forma que la forma y el lugar donde se sitúan éstas determina el gas. Es como el documento de identidad de las diferentes sustancias.

La noche en que leí la categórica respuesta del concejal de Medio Ambiente recordé cómo a lo largo de la historia de la ciencia la obtención de los espectros de diferentes sustancias había dado luz a muchos interrogantes de la física. <u>Sin ir más lejos, el Big Bang y el hecho de que el Universo se está expandiendo</u>. El astrónomo Hubble llegó a esta conclusión tras analizar el corrimiento hacia el rojo del espectro de las galaxias lejanas, lo que indica un alejamiento de las mismas, y por tanto una expansión del Universo.

Al día siguiente me construí un espectrómetro casero. En un tubo de cartón de papel de cocina, fijé con cinta una pequeña rendija, y en la otra punta una red de difracción de 600 líneas por milímetro, donde la luz se difracta y se descompone, como en un prisma. Al orientar mi espectrómetro hacia la luz y mirar por el extremo donde estaba la red de difracción, se podía observar el espectro de aquella luz. Si miraba al cielo, observaba el espectro continuo. Si apuntaba a un fluorescente, obtenía el espectro de emisión del mercurio. Al día siguiente por la noche apunté hacia la luz de las farolas de

Vilamarina y, ¡sorpresa! El espectro que observaba era igual que el del mercurio. Una búsqueda sencilla en Google y en libros de física y química me confirmó lo que observaba. El mercurio dentro de la bombilla fluorescente es excitado por la luz, por lo que emite más luz en determinadas franjas que quedan patentes al observar en el espectro líneas de colores más marcadas que el resto.

Respondí a la concejalía de Medio Ambiente: "Después de un análisis espectral, las luces del parque de Vilamarina contienen mercurio". La respuesta no se hizo esperar, y el mismo concejal me volvió a decir que estaba equivocado, pero que lo consultaría a los técnicos. Tras insistir algunos días, el concejal rectificó: "[...] las bombillas contienen trazas de mercurio". Aquello no eran trazas. Si fueran trazas, se verían unas líneas muy tenues, y lo que se observaba eran unas líneas muy marcadas. Finalmente reconoció que las bombillas contenían mercurio, pero que nadie sabía por qué. Nadie sabía exactamente por qué en esta obra nueva se había optado por alumbrado de mercurio, en contra del reciente alumbrado de vapor de sodio del resto del municipio.

La ciencia y su método son una herramienta más de las existentes para combatir el absolutismo, las creencias y los dogmas de fe. Una sociedad con conocimientos de ciencia, y sobre todo con una forma de pensar científica, puede evitar que determinados "iluminados" nos vendan fácilmente la moto, y nos hagan creer que tienen la razón verdadera.

El conocimiento científico permitió que la máxima autoridad local en Medio Ambiente pasara en pocos días de la afirmación categórica que las luces no contenían mercurio a reconocer que contenían este gas, pero que nadie sabía por qué se habían puesto dichas bombillas. Sin duda, todo un cambio.

98 / 100

¿TIENEN BASE CIENTÍFICA LAS POPULARES LEYES DE MURPHY?

Las conocidas leyes de Murphy datan de 1949, cuando el ingeniero Edward A. Murphy desarrollaba trabajos en prototipos de cohetes sobre rieles para las fuerzas aéreas de los Estados Unidos de América. Al parecer, este personaje cometía un error tras otro, a menudo errores sencillos, tontos, de forma que se afirmaba de él que si podía cometer un error, lo cometería. Con el paso del tiempo, esta sentencia fue cambiando hasta la actual, que viene a decir que si algo puede ir mal, irá mal.

Algunas de las descripciones de las leyes de Murphy son fruto del hecho de enfatizar lo negativo, y no tienen ninguna base científica. Pero en otros casos son fruto de la física aplicada. El caso más conocido, seguramente, es el de la tostada de mantequilla. Según la ley de Murphy, si una tostada cae al suelo siempre lo hará con la mantequilla y la mermelada hacia abajo, ensuciando el suelo y desaconsejando del todo aprovechar la tostada y comérsela. Y efectivamente es así la mayoría de las veces. La razón responde a varios factores, el más importante de los cuales es la altura de la mesa desde la que cae la tostada. Las mesas suelen tener una altura suficiente para que una tostada de mantequilla y mermelada tenga espacio y tiempo suficiente para girar y caer con el alimento hacia el suelo. El peso de la mantequilla y la mermelada es suficiente para que, a medida que cae la rebanada, inicie un giro. La altura de las mesas de cocina suele ser suficiente para permitir este giro. Dado que los gatos siempre suelen caer de pie, tal como se ha razonado anteriormente, según la ley de Murphy, si se ata una tostada de mantequilla y mermelada a la espalda de un gato, éste debería caer de espaldas..., pero esto no pasaría según las leyes de Murphy porque el gato se comería antes la tostada, y entonces caería como toca, de pie... No deja de ser una forma cómica y ficticia para poner de manifiesto la mala suerte en determinadas acciones cotidianas.

Otras afirmaciones de las leyes de Murphy no tienen ninguna base sólida, y son fruto de la enfatización de lo negativo, que el cerebro humano suele registrar más que lo positivo. Por ejemplo, no tiene ninguna base la afirmación que dice que, siempre que se nos caen las llaves, lo hacen debajo de la mesa, de algún armario o en la alcantarilla si estamos en la calle.

99 / 100

¿VALE LA PENA CORRER BAJO LA LLUVIA PARA MOJARNOS MENOS?

Imaginemos que un día la lluvia nos sorprende en medio de una gran plaza o un descampado, sin paraguas ni nada para protegernos (¡verificándose así la ley de Murphy!). La única opción es dirigirnos hacia algún cubierto cerca. ¿Vale la pena hacerlo corriendo, o nos mojaremos lo mismo que si lo hacemos caminando, tranquilamente, como si no lloviera? El sentido común, que a veces es el menos común de los sentidos, nos dice que, cuanto más deprisa nos dirijamos hacia el cubierto, menos nos mojaremos. Pero la física nos dice que esto no es exactamente así. Supongamos que cae una densidad de lluvia homogénea y constante (ya sea débil o fuerte, es indiferente, pero repartida de igual forma en todas partes) y que cae verticalmente (por lo tanto, no hace viento). La cantidad de lluvia que recibe el cuerpo de una persona que se mueve bajo esta cortina de lluvia no depende de la velocidad a la que se mueva, sino que depende exclusivamente de la densidad de gotas de lluvia, la superficie del cuerpo de la persona y la distancia hasta el cubierto, valores que son constantes e independientes de la velocidad. Es decir, que el cuerpo se mojará igual si vamos corriendo que si vamos andando. Ahora bien, la cantidad de agua que recibe la cabeza depende de unos parámetros constantes (la densidad de la lluvia, la superficie de la cabeza y la distancia hasta el cobertizo) y es inversamente proporcional a la velocidad a la que nos desplazamos. Es decir, que cuanto más corramos, menos nos mojaremos la cabeza.

Contabilizando el agua total que recibe nuestro cuerpo bajo la lluvia, nos damos cuenta de que sólo la cabeza se moja un poco más si caminamos en lugar de correr, porque el cuerpo se moja igual si corremos o si caminamos. Teniendo en cuenta que correr bajo la lluvia puede resultar peligroso por los resbalones y las consiguientes caídas (entonces sí que acabamos empapados), por las salpicaduras de barro y agua de los charcos en los pantalones y porque acabamos cansados y sudorosos, quizás deberíamos plantearnos caminar tranquilamente en lugar de correr, cantando bajo la lluvia. La física nos lo confirma.

100 / 100

¿CÓMO PODEMOS MEDIR LA ALTURA DE UN EDIFICIO UTILIZANDO UN BARÓMETRO?

Sir Ernest Rutherford (1871-1937) fue uno de los físicos más brillantes de la historia y recibió el premio Nobel de física en 1908 por su contribución al modelo atómico: descubrió la existencia del núcleo atómico, lo que abrió las puertas a la física atómica actual. En el año 1908 era además presidente de la Real Sociedad Británica. Un día recibió la llamada de un colega suyo que estaba a punto de poner un cero a un alumno por la respuesta que había dado a un problema de física, pese a las quejas reiteradas del alumno. Ante el conflicto entre el profesor y el estudiante, acordaron pedir arbitraje a alguien imparcial y de reconocido prestigio, y eligieron a Rutherford. La pregunta del examen decía: "Demuestre cómo se puede medir la altura de un edificio con la ayuda de un barómetro." Como es sabido, un barómetro es un instrumento que mide la presión atmosférica, y ésta varía con la altura, de modo que es posible determinar la altura del edificio midiendo cómo varía la presión entre el suelo y la azotea del edificio. El estudiante respondió: "Hay que llevar el barómetro a la azotea del edificio y atarle una cuerda. Poco a poco, hay que dejarlo ir hasta que llegue al suelo y hacer una marca en la cuerda. La longitud de ésta es igual a la altura del edificio." El estudiante realmente había respondido correctamente a la pregunta, aunque no era la que esperaban sus profesores, porque no demostraba que supiera física, por lo que Rutherford pidió que se le diera otra oportunidad, con la advertencia de que esta vez se valorarían sus conocimientos de física. Se le concedieron 6 minutos, y a los 5 minutos el estudiante todavía no había contestado nada. Rutherford, educadamente, le preguntó si quería abandonar la prueba. El estudiante le contestó que tenía muchas respuestas y no sabía cuál dar, que su dificultad era elegir la mejor entre todas. Rutherford se excusó, y en el minuto que le quedaba el estudiante respondió: "Cogemos el barómetro y lo dejamos caer desde la azotea. Medimos el tiempo que tarda en caer el barómetro. Como sabemos que es un movimiento uniformemente acelerado por la gravedad, y sabemos que ésta tiene un valor de 9,8 m/s^2, la distancia que recorre es la mitad de la aceleración por el tiempo medido al cuadrado, y así obtenemos la altura del edificio." El alumno recibió una buena nota, a pesar de la sorprendente e inesperada respuesta. Poco después, Rutherford se encontró con el estudiante y, curioso, le pidió cuáles eran las otras respuestas a la pregunta. El estudiante le respondió que había muchísimas maneras: "En un día soleado se puede medir la altura del barómetro y la de su sombra, y acto seguido medir la longitud de la sombra del edificio. Una simple proporción nos daría la altura del edificio." Rutherford, sorprendido, le pidió que continuara. El alumno prosiguió: "Tomamos el barómetro y nos situamos en las escaleras del edificio, en la planta baja. A medida que subimos las escaleras, vamos marcando en la pared la altura del barómetro y contamos el número de marcas hasta la azotea. Multiplicando este número de marcas por la altura del barómetro obtendremos, de una manera bastante directa, la altura del edificio. Ahora, si quiere un procedimiento más sofisticado, podemos atar el barómetro a una cuerda y moverlo como si fuera un péndulo. Sabiendo la aceleración en la azotea del edificio y en la calle, midiendo de forma precisa el tiempo en hacer una oscilación completa en la azotea y en la calle, podemos saber la altura del edificio. En este sentido, podemos atar al barómetro una cuerda muy larga y desde la azotea soltarlo hasta que llegue al suelo. Entonces hacerlo oscilar, como si fuera un péndulo. Midiendo el tiempo en hacer una oscilación completa podemos determinar la altura del edificio mediante una ecuación muy sencilla, ya que es la longitud del péndulo. Pero probablemente la mejor manera sea coger el barómetro y golpear la puerta del conserje, y cuando abra decirle que se lo regalamos si nos dice el dato de la altura del edificio." En este momento de la conversación, Rutherford le preguntó si no conocía la respuesta convencional al problema, aquella según la cual la diferencia de presión atmosférica medida por el barómetro entre dos puntos a distinta altura, el suelo y la azotea, proporciona la diferencia entre las alturas de los dos puntos. La respuesta del alumno fue que evidentemente, pero que durante sus estudios los profesores habían intentado enseñarle a pensar... Aquel estudiante se llamaba Niels Bohr (1885-1962), físico danés premio Nobel de física en 1922 por el descubrimiento de la estructura atómica y el desarrollo de la revolucionaria teoría cuántica.

La enseñanza de las ciencias, y de la física en particular, no debe limitarse al aprendizaje de ecuaciones y sus aplicaciones, sino a dar al estudiante herramientas que le ayuden a afrontar los problemas que se encontrará. Sólo con una mentalidad como la de Bohr la ciencia avanza.